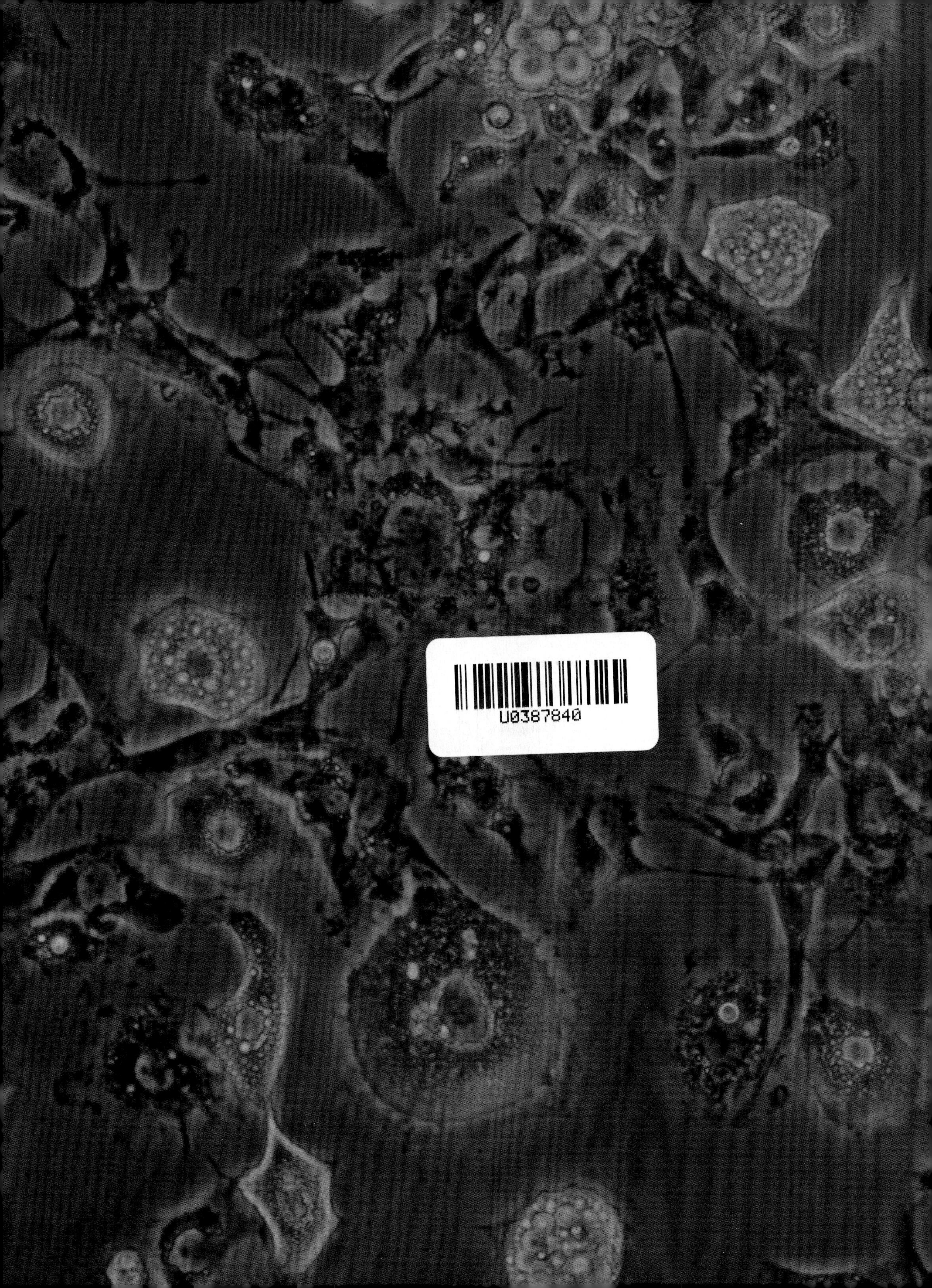
U0387840

有生命的房子

[俄]叶戈尔·叶戈罗夫
[俄]尤里·涅奇波连科　著
皮 野　杨振杰　译

人民卫生出版社
·北 京·

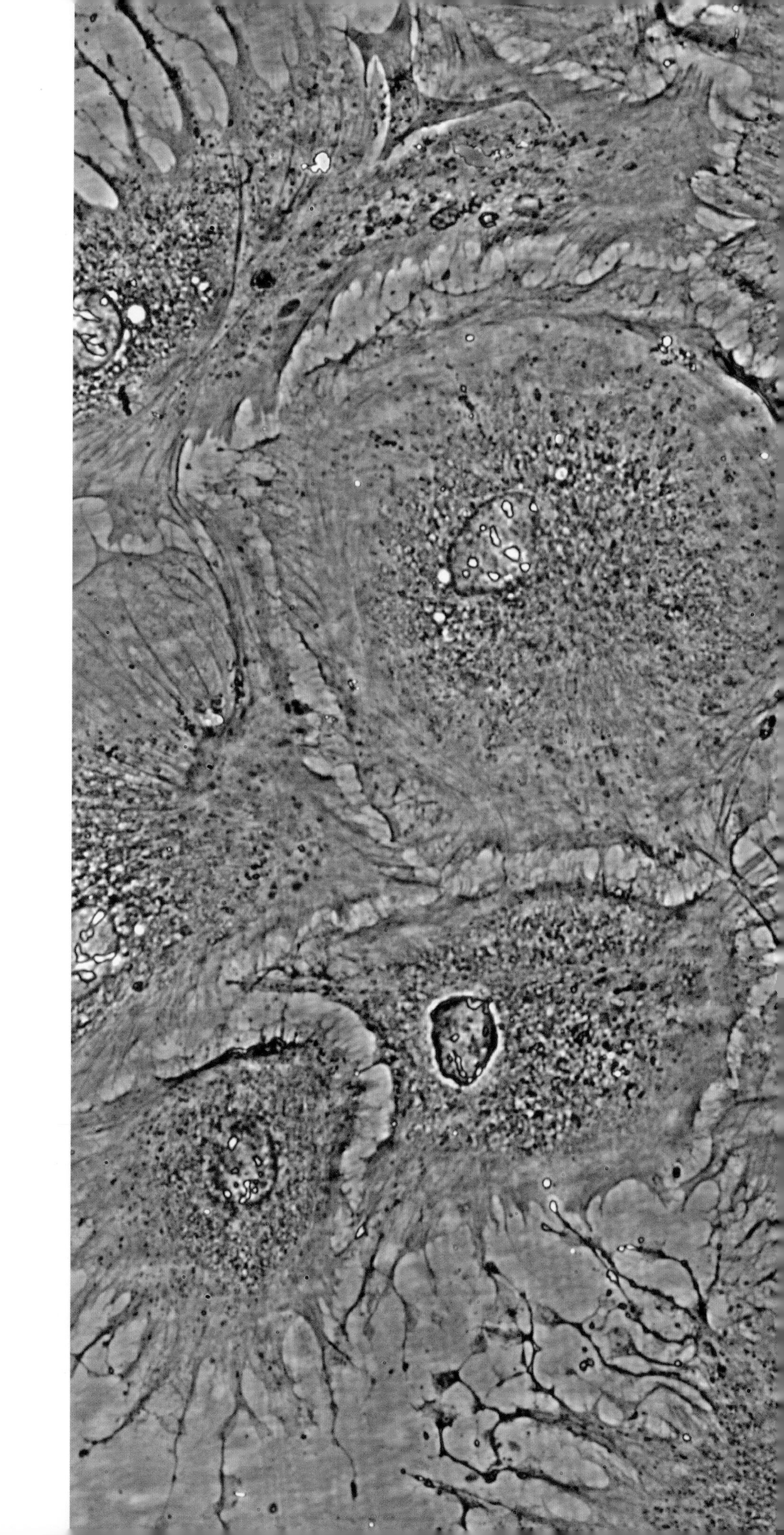

目　录

2 导语
6 细胞是怎样被发现的?
8 我们的身体是由什么构成的?
10 乌鸦的身体是由什么构成的?
12 微生物
14 房子的构造
16 控制中心
20 DNA分子
24 细管和薄膜
26 细胞的菜单上有什么?
28 细胞里的发电站
30 黑色标记
34 与垃圾作斗争
36 种类繁多的垃圾
38 为繁殖而分裂
40 细胞分裂
42 永生的细胞
44 衰老的细胞
46 细胞的种类
48 红色的小袋子
50 长突起和神经元
56 谁的骨骼更粗壮?
62 一生都在战斗
64 自己人与外来者
72 抗生素
74 像强盗一样的病毒
80 显微镜下的宇宙
82 趣味科普词汇

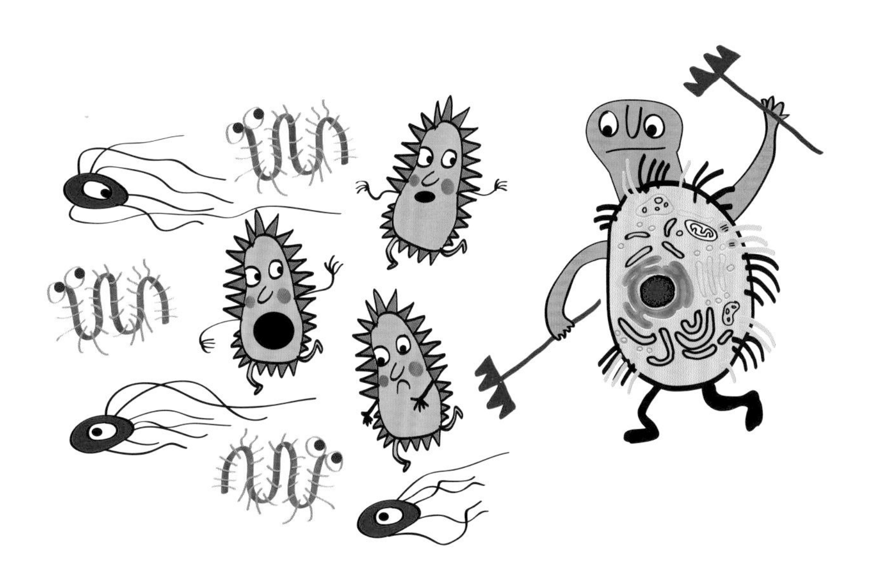

导语

世界上的所有生命体（病毒除外）都是由细胞构成的，细胞的构造极其有趣。分子生物学是一门年轻的科学，许多知识直到最近才有了研究结果。这门科学有许多新术语，科学家需要运用它们，以便互相理解。

我们想用尽可能简单的方式，用易懂的词语向孩子和大人们讲述有关细胞的知识。这里有一位求知好学的年轻科学家和一位机智的侦探，他们将与我们一起完成这件事。

本书没有令人费解的词汇和难懂的公式，而是借助各种有趣的图像，向大家介绍错综复杂、神秘莫测的活细胞结构。

活细胞是地球上的一种构造最为复杂的装置，它比汽车、计算机、城市甚至整个国家都要复杂得多。

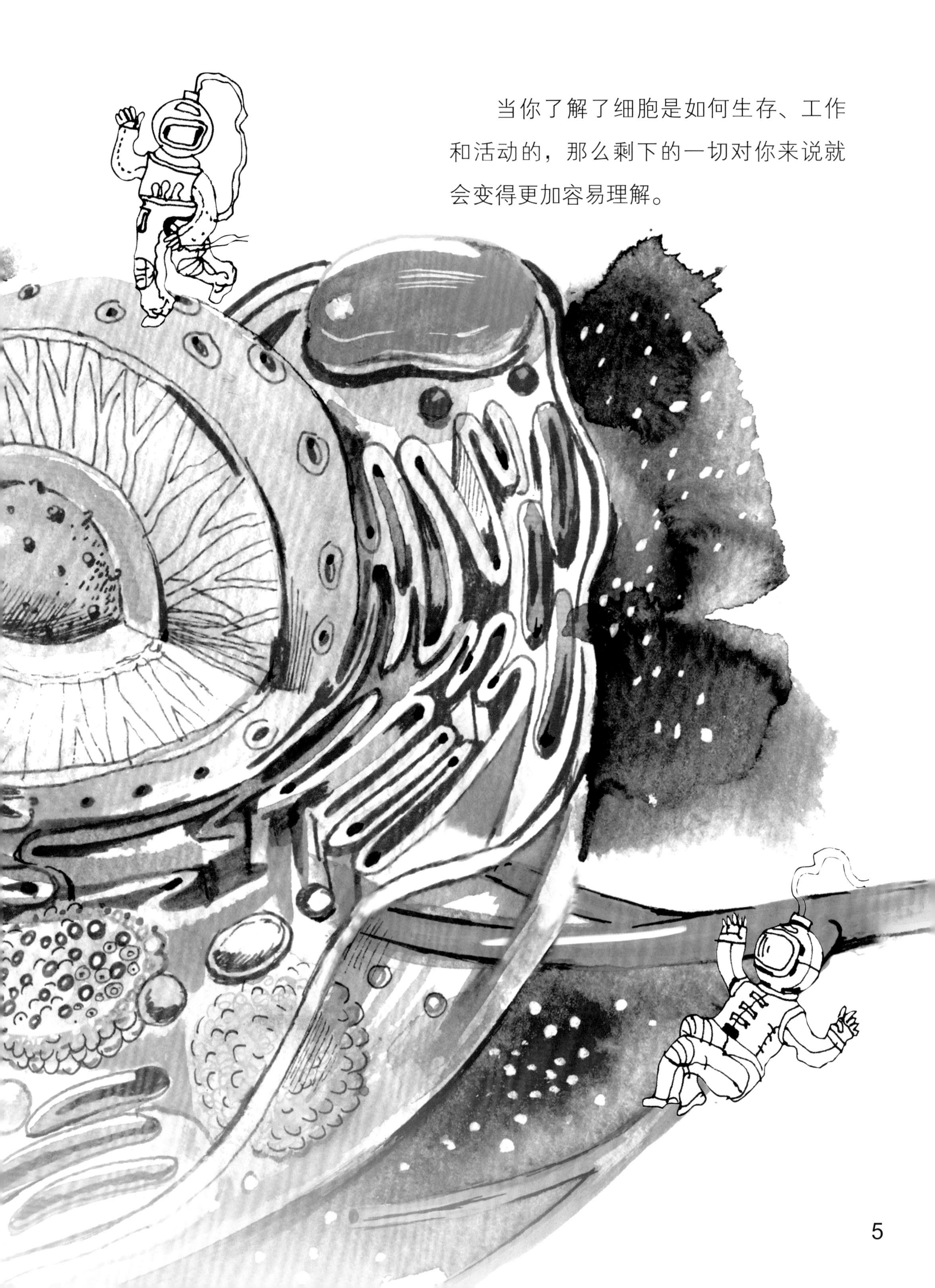

当你了解了细胞是如何生存、工作和活动的，那么剩下的一切对你来说就会变得更加容易理解。

细胞是怎样被发现的？

“细胞”这个词（英语中的“cell”）是由英国物理学家罗伯特·胡克提出的。他也是第一个提出“生物由细胞组成”的科学家。

胡克用显微镜观察软木切片，看到了许多小小的空洞。他推测，在这些软木的小洞里，曾经有生命存在过。得知这件事以后，不只是科学家，连普通人也纷纷好奇起来。大家开始拿起显微镜观察身边万物。

终于，胡克在自己的显微镜下看到了让人能联想到蜂窝孔眼的东西。而“细胞”一词在英文中的本义就是“孔眼”。

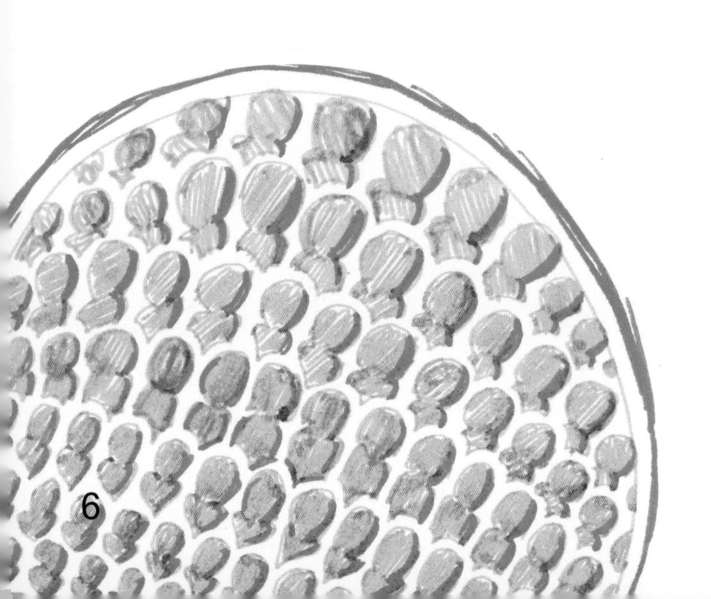

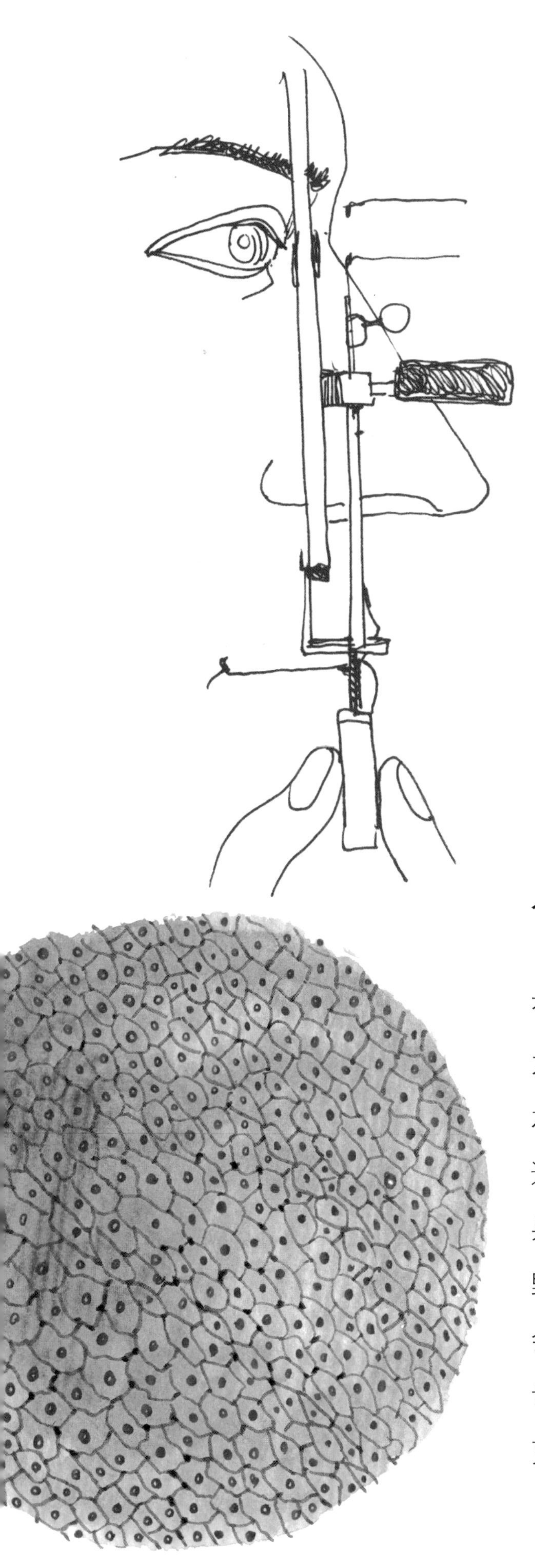

安东尼·范·列文虎克

在好奇的人群中，还有一位荷兰布匹商人安东尼·范·列文虎克。

在列文虎克日常使用的工具中，一直都有用来检查布匹质量的放大镜。他用这些放大镜为显微镜制作透镜，因为他很想知道，小水滴里有什么东西。列文虎克对科学如此着迷，他制作的透镜几乎能将物质放大300倍。果然，他在一滴水中看到了各式各样的“小野兽”。他开始撰写相关报告给英国皇家学会，向所有读者展示“小野兽”。当彼得一世路过列文虎克的家乡代尔夫特时，列文虎克特地向彼得大帝做了展示。

这些都已经是三百多年前的事情了。

我们的身体是由什么构成的？

细胞是生物体进行生命活动的基本单位，在每一个细胞的内部都有许多有趣的构造。

细胞作为独立的生命体进行呼吸、进食和繁殖。这一切都是人们通过显微镜观察到的。

显微镜是一项卓越的发明，虽然它只是一台普通的设备，无法与后来出现的超强电子显微镜相媲美，但没有它，我们就无法更加深入地观察微观世界。在将物质放大数倍的情况下，一切都显得与众不同：就连一根小小的乌鸦羽毛看上去都像是一个庞大的、神秘的“国度”，更何况那只乌鸦本身……

乌鸦的身体是由什么构成的？

当然，乌鸦自身并不知道它是由细胞构成的。

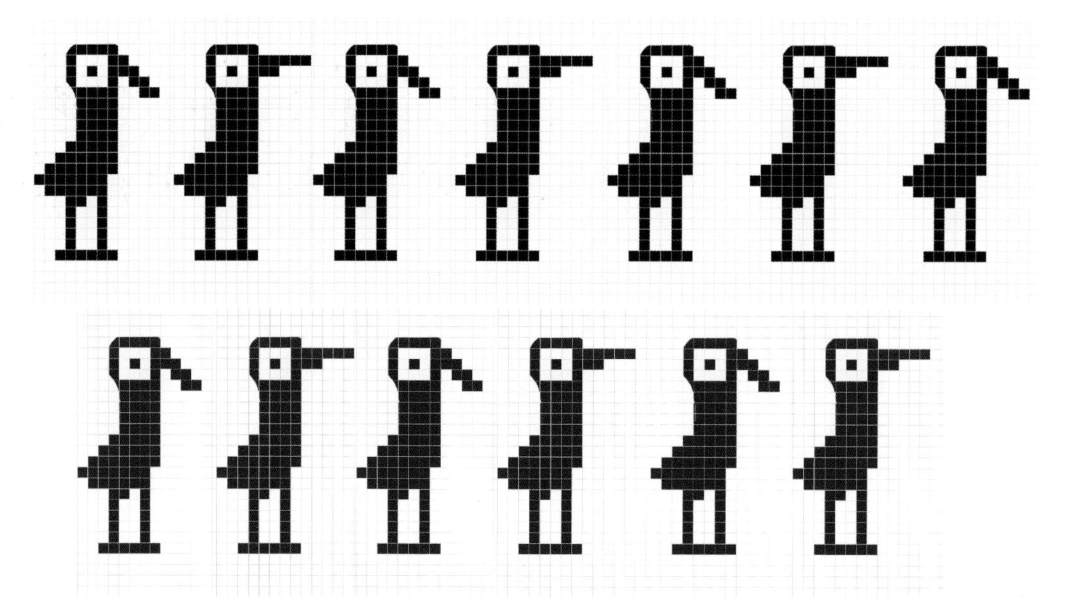

一只乌鸦体内总共有约 1 万亿个细胞，是地球人口的 100 多倍。

生物体是由细胞组成的，就像电脑屏幕上的图片是由像素组成的一样。上百万个像素中的每一个像素都只有一种颜色，但是它们能共同生成任何一幅图片。

1 000 000 100 万

1 000 000 000 10 亿

1 000 000 000 000 1 万亿

微生物

那些可以独立生活的微小细胞被称为微生物，其中大部分是细菌。微生物无处不在，甚至我们每个人的身体（包括体内和体外）都生活着 2~3 千克的微生物。

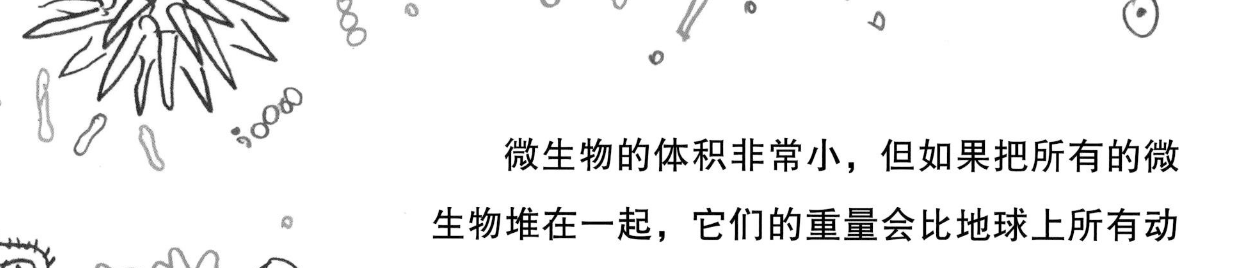

微生物的体积非常小，但如果把所有的微生物堆在一起，它们的重量会比地球上所有动物加起来的重量重很多倍！

有一些体积较大（可以用眼睛看到）、构造精巧的细胞也是可以单独存活的。它们的行为像动物一样，甚至有狩猎的能力。这样的细胞被称为原生生物，它们通常生活在水中。

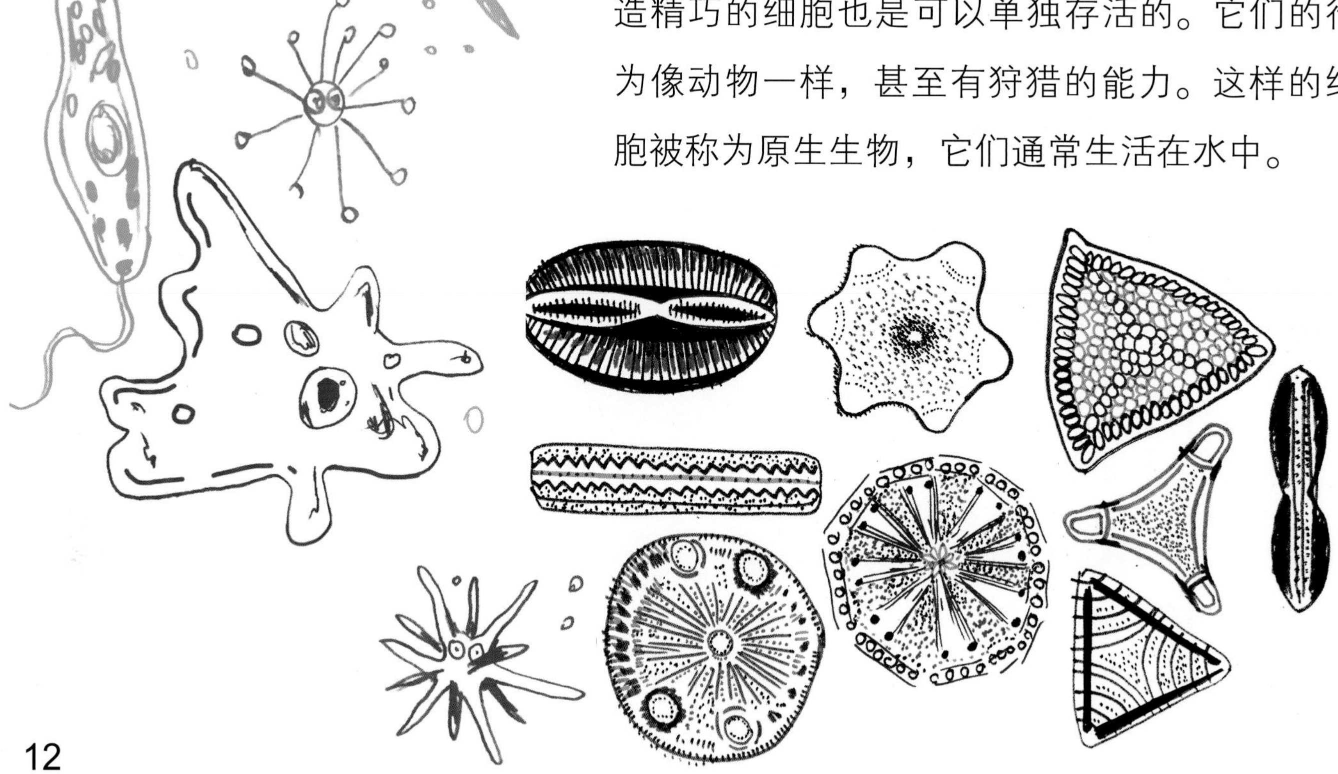

原生生物中最具代表性的是变形虫和纤毛虫。

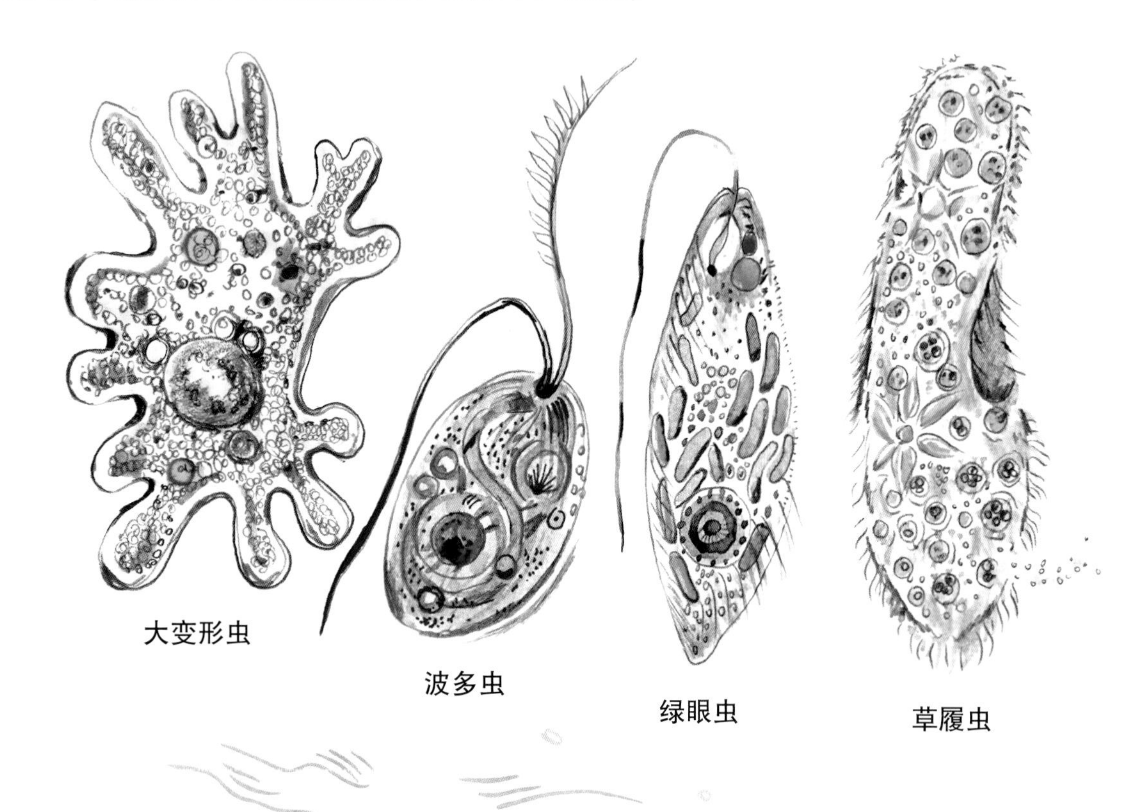

如果你聚精会神地观察细胞，就会发现它的结构非常有趣。它像一艘潜水艇，甚至比潜水艇的构造更加复杂。在细胞内部，有数十万个不同的分子，它们协同工作。这些分子从一个地方移动到另一个地方，但并非毫无目的，而是为了完成特定的任务。不过，为了方便理解，我们还是暂且约定把细胞想象成一座非常智能的、有生命的房子吧。

房子的构造

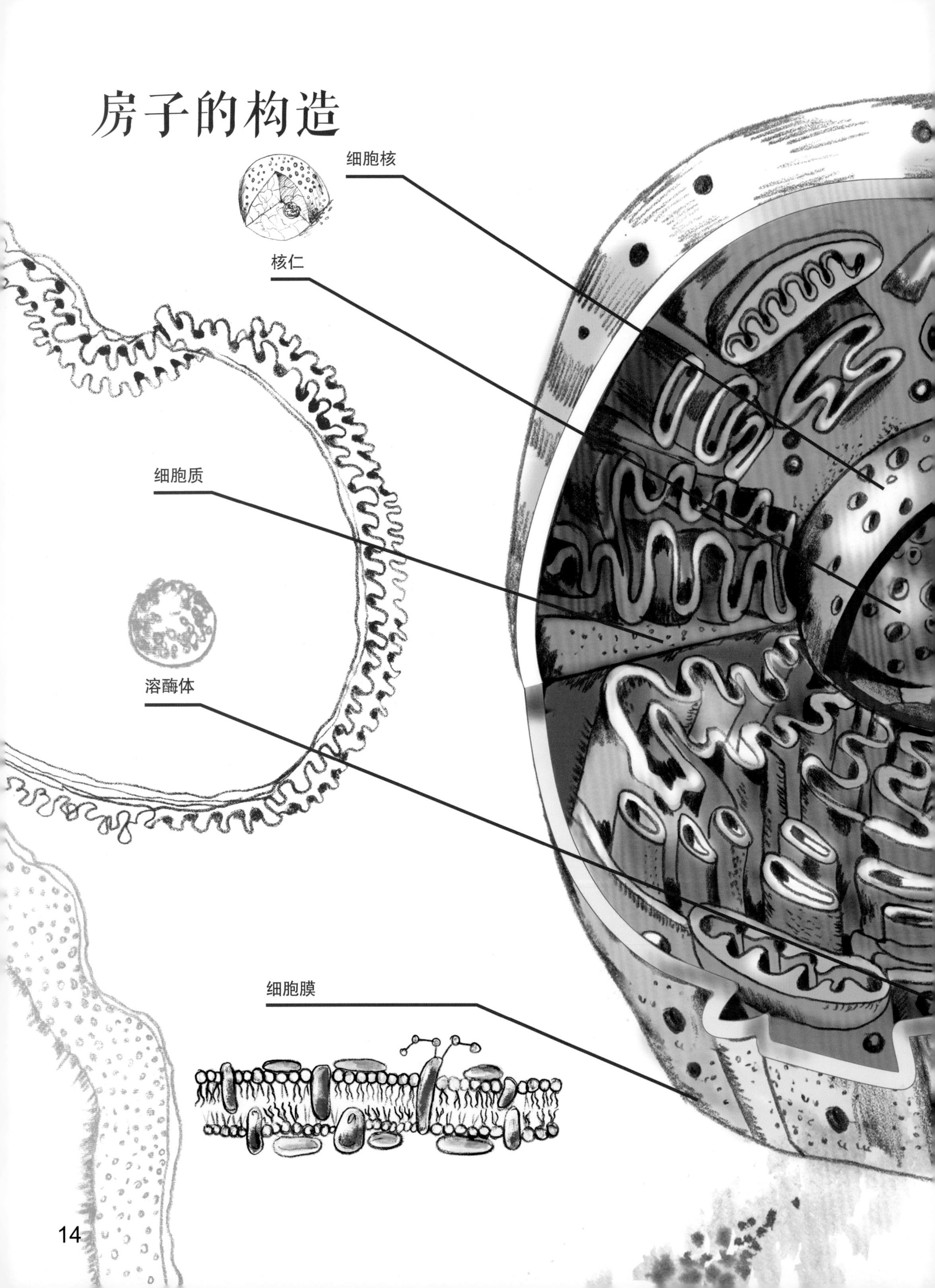

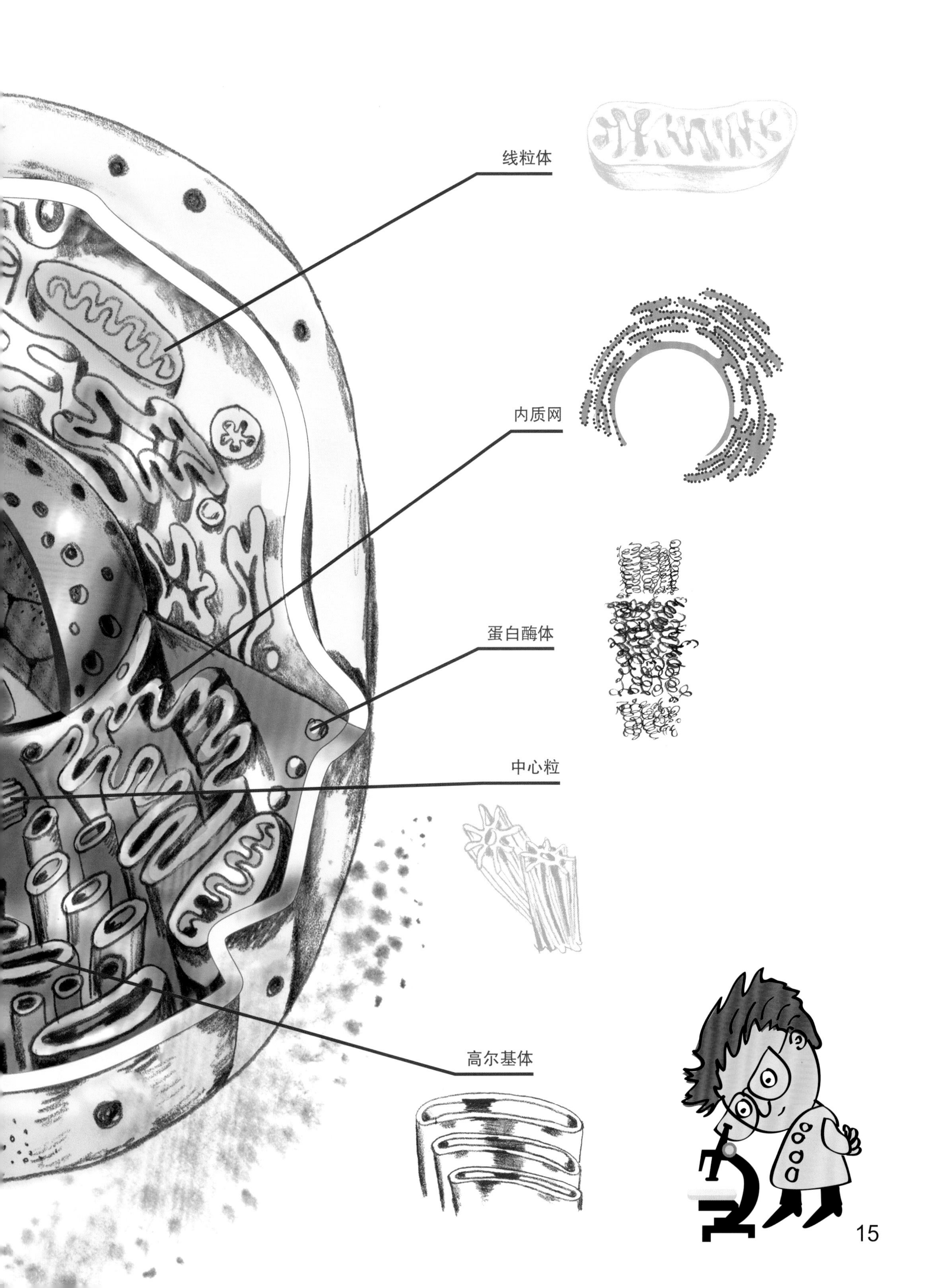
线粒体
内质网
蛋白酶体
中心粒
高尔基体

控制中心

每个细胞都有一个控制中心，即细胞核。在细胞核里有一个信息库，那里保存着适用于所有生命活动的指令记录。

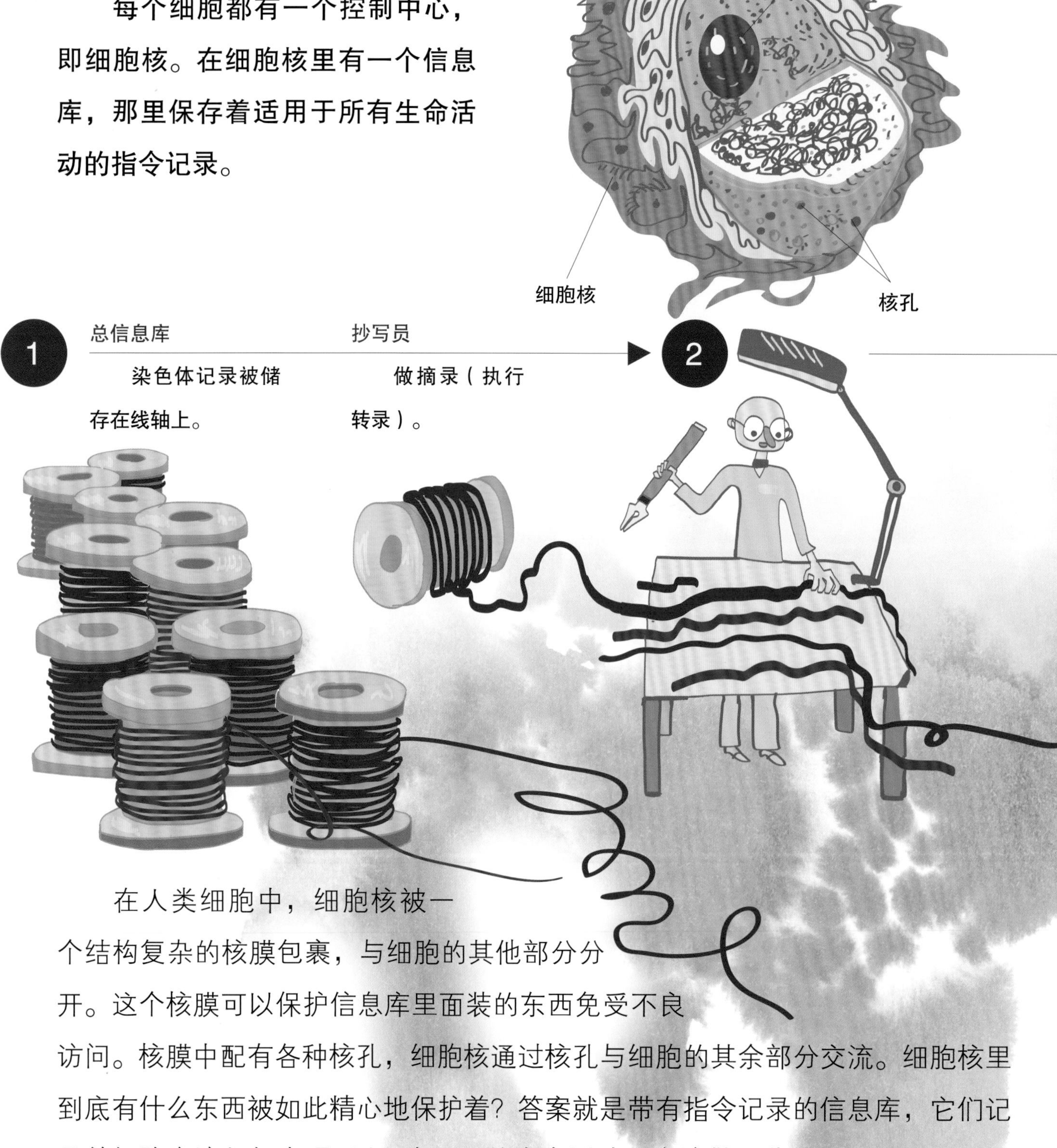

在人类细胞中，细胞核被一个结构复杂的核膜包裹，与细胞的其他部分分开。这个核膜可以保护信息库里面装的东西免受不良访问。核膜中配有各种核孔，细胞核通过核孔与细胞的其余部分交流。细胞核里到底有什么东西被如此精心地保护着？答案就是带有指令记录的信息库，它们记录着细胞应该如何表现，以及在不同的生命活动下应该做哪些指示。这些记录就像缠绕在线轴上的条带，线轴和条带一起构成了染色体。

染色体

细菌细胞更简单。它们没有核膜，且染色体（通常只有一条）没有自己的房间。

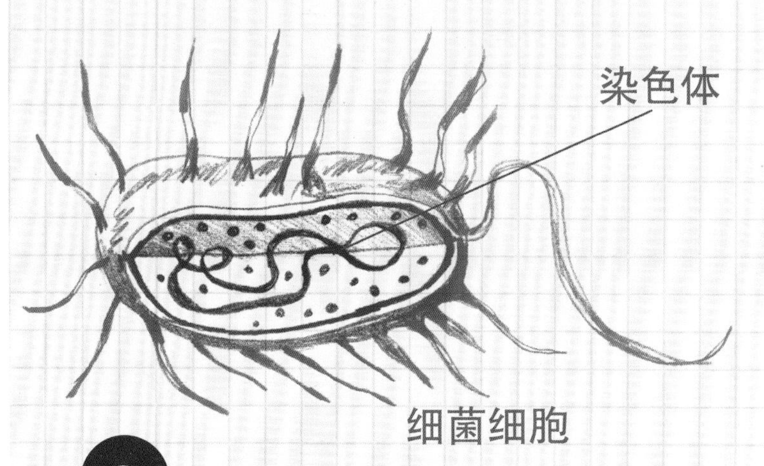

管理员

切割、黏合，去除指令中不必要的部分，施行移接。

3

如果细胞需要解决某个问题，那么一些类似于微型机器人的特殊设备就会开始工作。为了更简单、生动地讲解，我们也将它们画成微型机器人。其中的抄写员会取出带有必要记录的条带，并从条带中进行摘录。信息库中保存着细胞适用于所有生命场合的指令。对于每一种情况来说，细胞只需要一小部分记录。因此，管理员切掉了多余的部分，只留下需要快速执行的部分——细胞行动指令。然后，该指令将被发送给搬运工。

4

搬运工

把准备好的指令带到核糖体工厂以便制造零件。

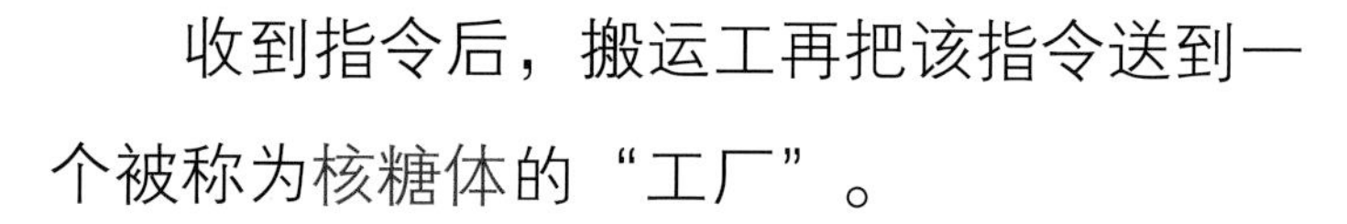

收到指令后，搬运工再把该指令送到一个被称为核糖体的“工厂”。

这些负责在细胞中执行任务的抄写员、管理员、搬运工和工人等微型机器人都是在核糖体工厂制造出来的，它们在细胞中执行既定的任务。

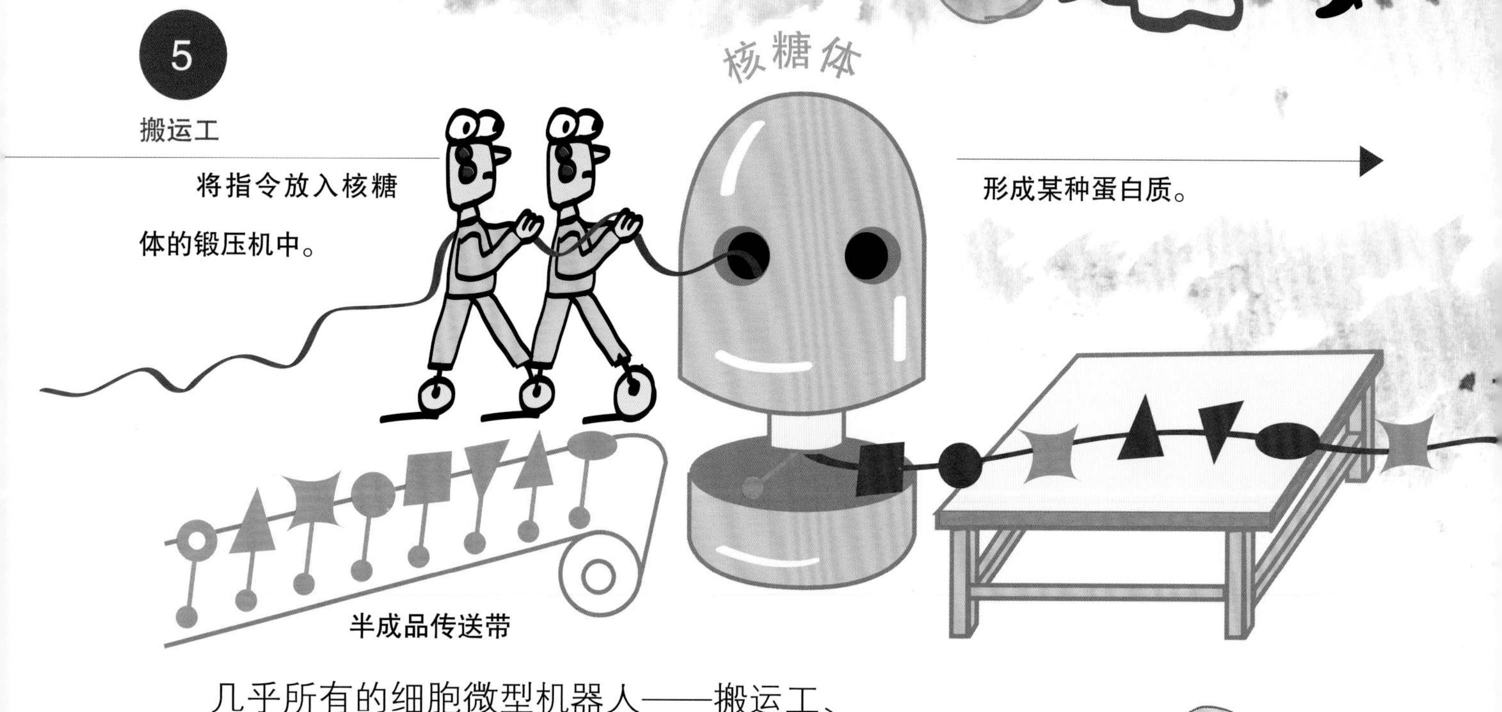

几乎所有的细胞微型机器人——搬运工、抄写员等，都是由蛋白质构成的，而且可能还会添加其他物质。细胞中的所有生命活动都是在蛋白质的帮助下组织起来的。蛋白质唯一不能做的事情是存储与自身相关的信息。

在细胞的信息库中，甚至有如何制造这些微型机器人的指令。这是一个闭合的过程：信息库自己给自己制造了工作人员！在这个信息库中只有记录条带不是由蛋白质构成的。记录条带在工作中磨损得相当快，必须不断更换。

记录条带是由另一种更结实的材料——DNA 分子构成的。

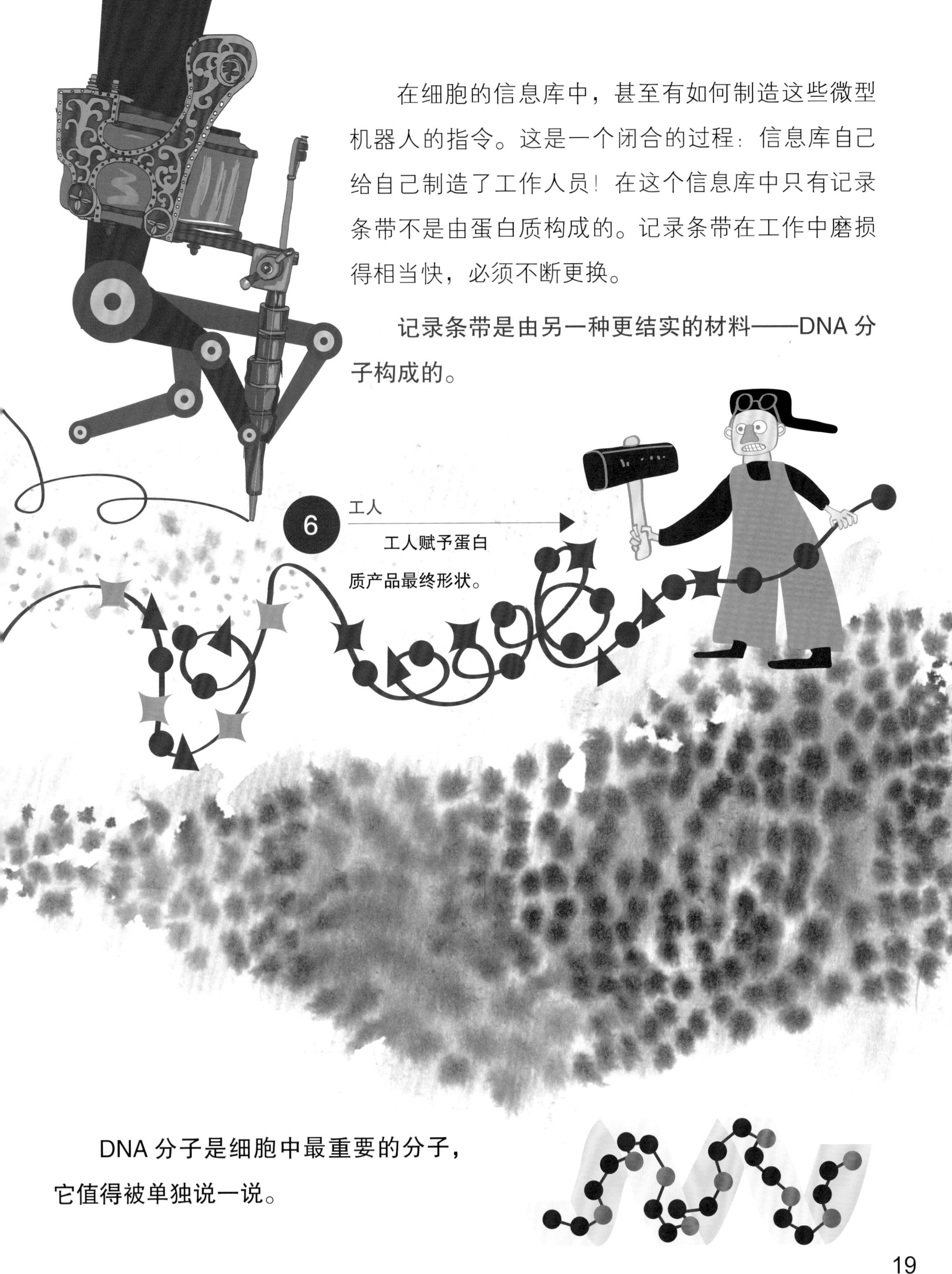

DNA 分子是细胞中最重要的分子，它值得被单独说一说。

DNA分子

DNA（脱氧核糖核酸）是一种非常特殊的分子。它的体积很大（如果把它舒展开，一个手提包都装不下），同时，它还很坚固。适用于所有生命活动的记录都存放在 DNA 分子内。DNA 分子相当于一个信息库，没有它，细胞就无法存在。

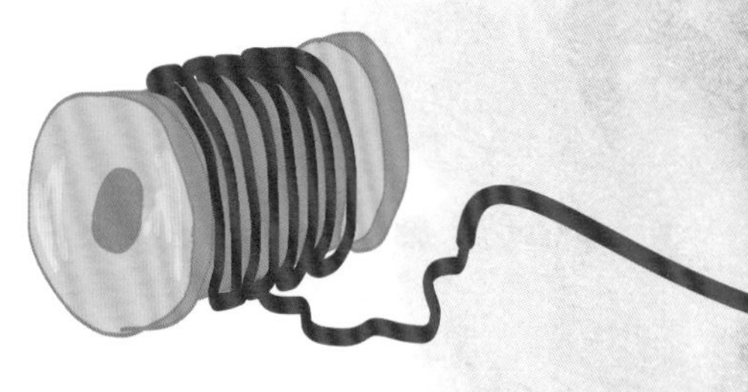

DNA 分子就像是用珠子串起来的长链。这条链总是通过小珠子与另一条非常相似的链连接起来。这些小珠子有四种类型，分别以它们名称的首字母来称呼它们——A、T、G、C。它们成对地聚在一起：A 珠总是与 T 珠配对，G 珠与 C 珠配对。

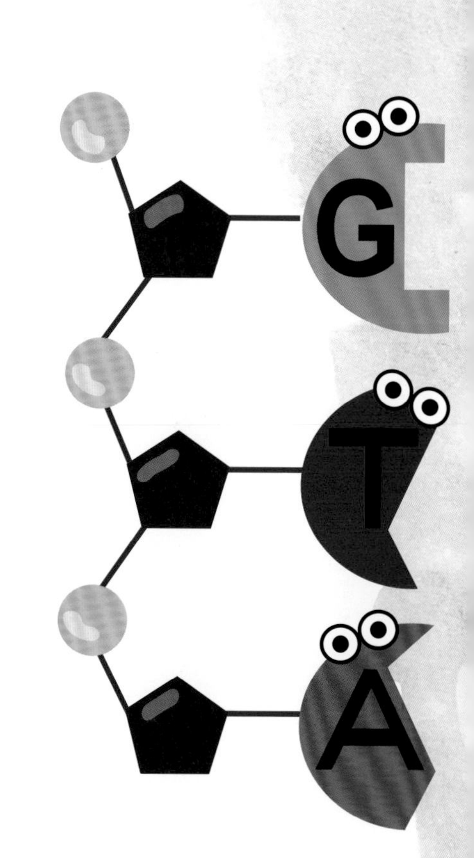

小珠子们扮演了字母表的角色，它们被用来记录生命信息库中的所有文本。

乍一看，这里只有四个字母，显然太少了。人类的每种语言字母表都包含有大约 30 个符号。但是，细胞会同时识认三个字母，所以，人类细胞就有了 64 种不同的三个字母的组合。这对于一种字母表来说已经足够了。

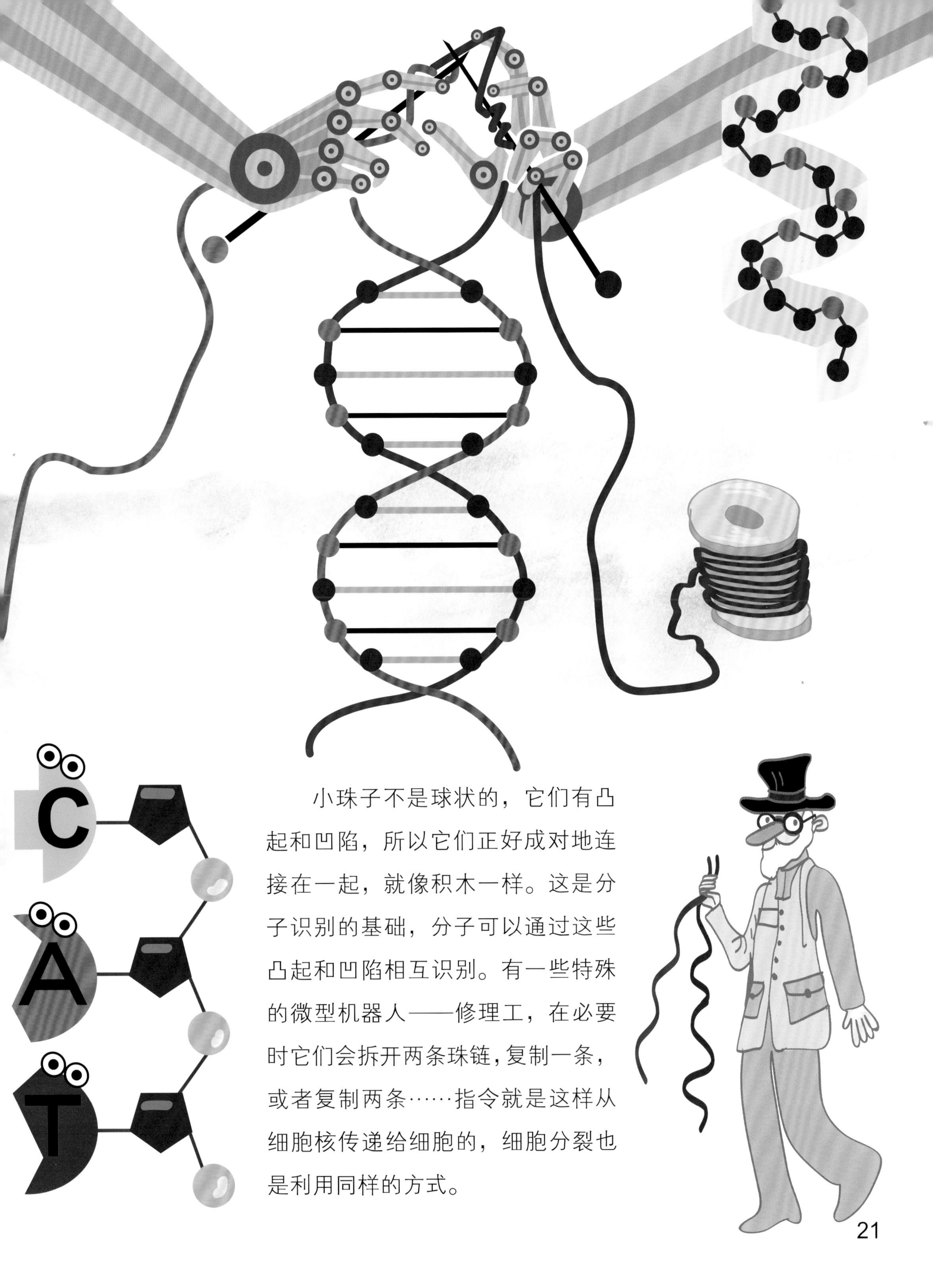

小珠子不是球状的，它们有凸起和凹陷，所以它们正好成对地连接在一起，就像积木一样。这是分子识别的基础，分子可以通过这些凸起和凹陷相互识别。有一些特殊的微型机器人——修理工，在必要时它们会拆开两条珠链，复制一条，或者复制两条……指令就是这样从细胞核传递给细胞的，细胞分裂也是利用同样的方式。

修理工沿着 DNA 珠链奔走，把珠链稍加修整，如果有断破处，就把它们缝合起来。DNA 珠链非常重要！它可不是可有可无的装饰品，而是细胞的生命宝藏，没有它，细胞也活不了多长时间。

这是一个活细胞。
如果 DNA 被
展开，它的螺旋结
构就会显露出来。
细胞内部是细胞核。在细胞核中漂浮
着 DNA 的“丝状纤维”，
它们聚集在一起，像
卷得很紧的
线圈。

细管和薄膜

骨骼使我们的身体具有坚固性，而使细胞具有坚固性的则是细胞骨架。细胞骨架是由超细的小管（微管、微丝和中间纤维）组成的网架系统，它们从头至尾贯穿于细胞中。微管保障了细胞中的所有连接，微管就固定在中心粒上。

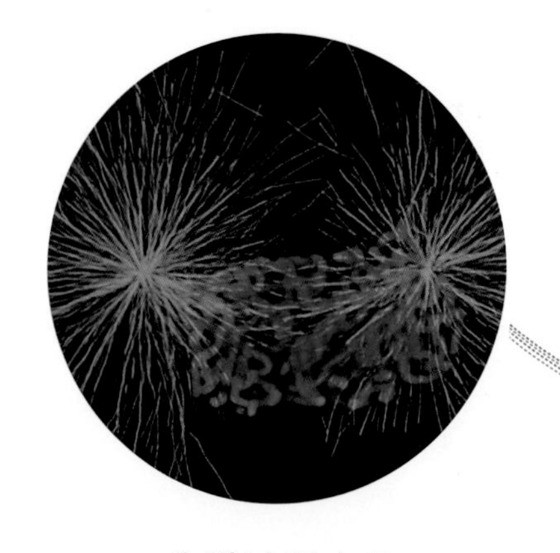

分裂过程中的微管。染色体以蓝色突出显示。

中心粒

微管由小分子蛋白质不断地聚合而成，同时，微管也在不断地解聚。它们组成了整个网架体系，即细胞骨架的主要支架。细胞所需的物质大多通过中心粒进行运输。（这里指有中心粒的生物体。）

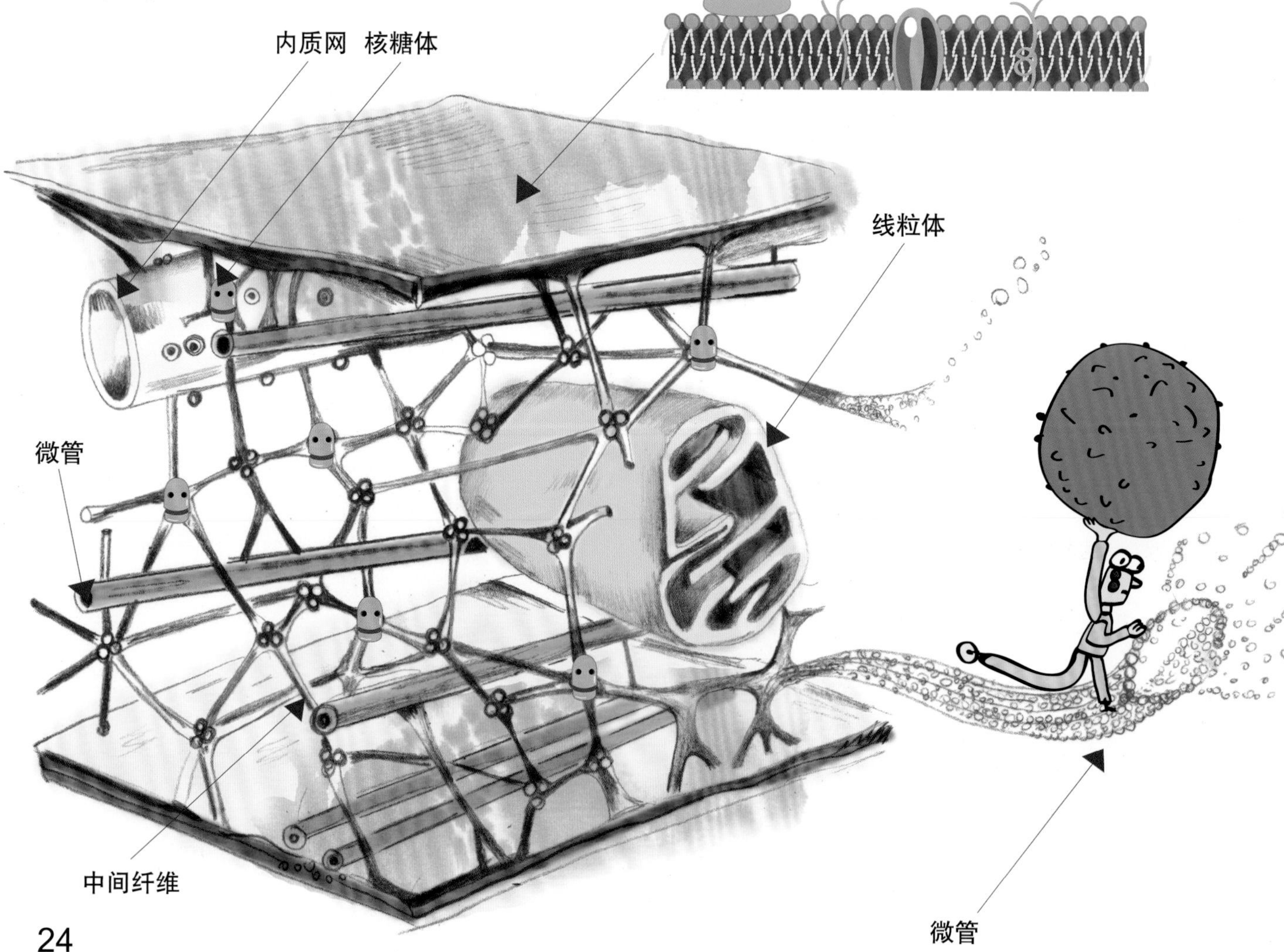

通常情况下，比较大的物质被装入由特殊的薄膜包裹的小泡（囊泡）中，然后微型机器人中的搬运工，将“货物”扛到核中心，或者从核中心往外运送。它们走在微管上，就像走在索道上一样，认真地用它们的长腿和长臂，拖拽或抛掷所需的货物。

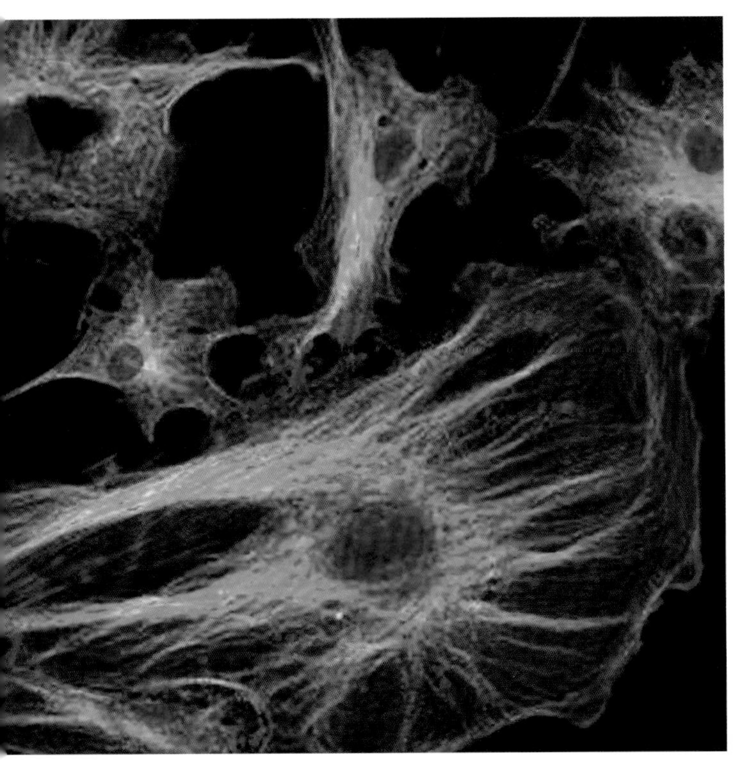

微管以绿色突出显示，微丝以红色突出显示。

当一个细胞需要往长生长的时候，微管会朝着需要的方向生长。微型机器人中的搬运工一边沿着微管迅速移动，一边将一段又一段的管子向需要的方向扔。管子碰撞支撑着膜的蛋白质，并将其推向所需的方向。

对于细胞来说，膜是不可缺少的，不单单是为了包裹细小的物体。这些可移动的包裹组织也将细胞的不同隔间彼此分开。在这里，就像在潜水艇里一样，有些工作需要在特殊条件下完成。膜开启自己的泵，将各种化学反应所需的额外分子泵入隔间。整个细胞也是被一层膜包裹着。就像潜水艇的外壳，细胞表面的这层膜也被特别加固。膜下生长着稠密的微丝网络，外膜的片与片之间被它们牢牢地连接起来。这些微丝也有助于细胞的移动。如果细胞要向某个方向移动，它会在自身内部聚合起像腿一样的新的微丝，并引导它们去到所需的方向。

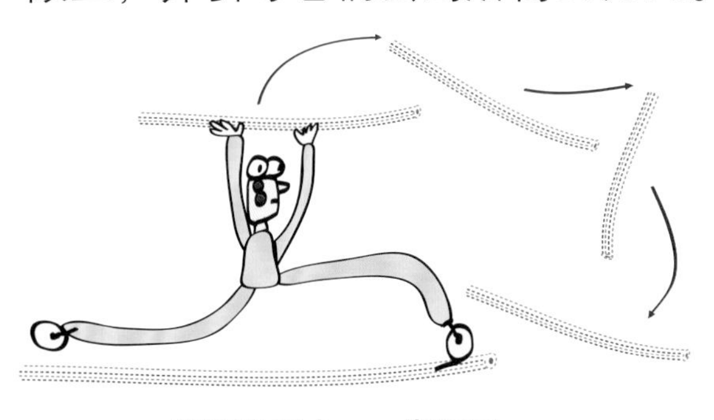

细胞的菜单上有什么？

不同的细胞“吃”不同的东西。植物细胞能以光和气体为食。

我们把一盆花放在阳光下，花叶里的细胞就会立即开始吸收光能，从空气中吸收二氧化碳，同时产生氧气。动物细胞维持生命需要的正是氧气，这意味着植物为我们所有人的生命提供了保障！甚至植物自身的细胞在晚上或黑暗中也需要氧气。因此，它们既为自己工作，也为我们人类工作。

一些细菌以空气中的氮气为食。对人类来说，这种纯氮气体可能是致命的，但对它们来说却恰到好处。

植物细胞利用气体分子进行构建（自身结构）和获取能量。

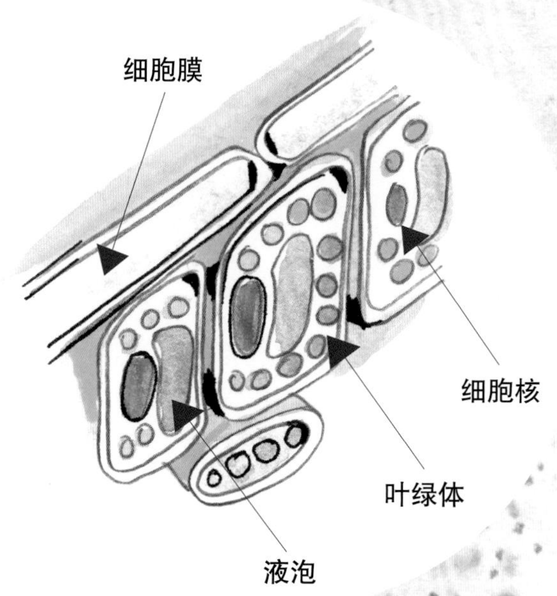

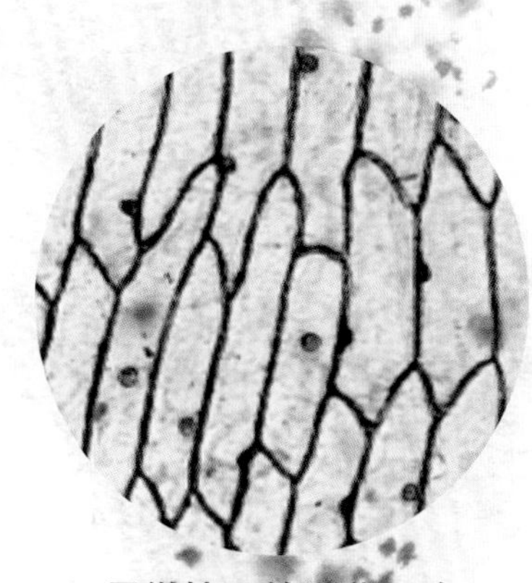
显微镜下的洋葱细胞

人类认为硫化合物完全不可食用，而海底的细菌却早已经适应了将其拿来充饥。这些顽强的细菌甚至可以在沸水中生存！它们就生活在有着“黑烟囱”之称的海底热泉周围。可怕的庞贝蠕虫与它们为邻，并且喜欢以它们为食。

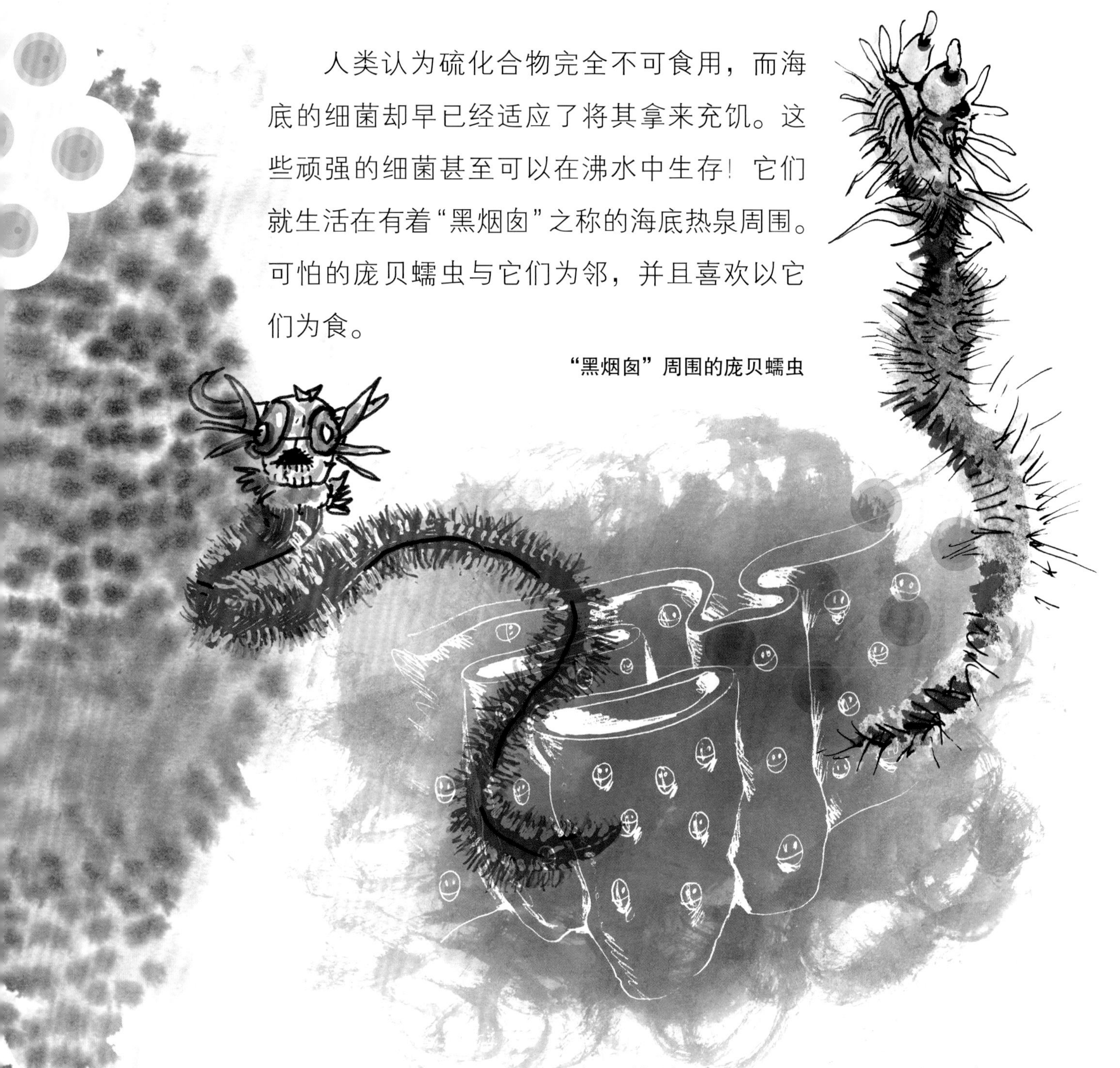
“黑烟囱”周围的庞贝蠕虫

动物有机体的细胞要么以其他细胞为食，要么以其残骸为食。

没有其他生物，人类就无法在地球上生存，因为它们是人类的食物来源，还创造了地球的大气层。就像所有生物一样，细胞需要食物来制造蛋白质“机器人”以及补充能量储备。

细胞里的发电站

细胞中的所有活动都需要能量。细胞的食物——气体、光或其他细胞在特殊能量站线粒体中转化为能量。

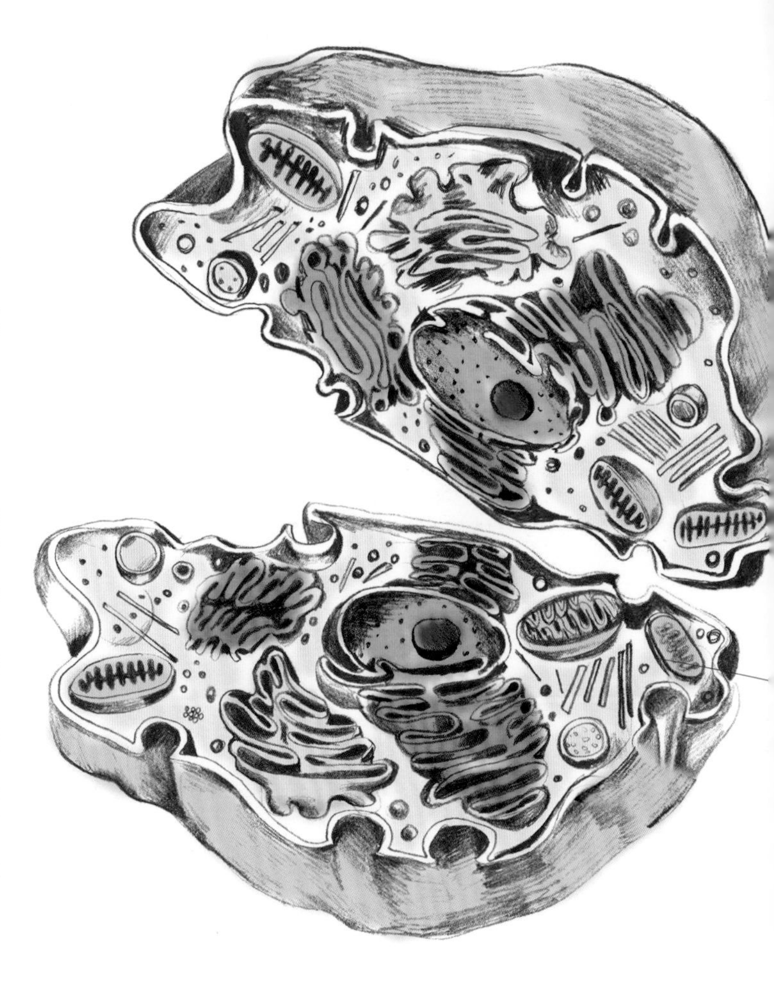

在线粒体中，“食物”非常缓慢地“燃烧”（不用担心火灾，不会有火或者烟），同时释放热量或储存能量。就像在热电厂中，涡轮机在旋转，但能量并没有沿着导线输送，而是被储存下来，就像骆驼的驼峰储存能量那样。

能量储存依靠的是“三磷酸腺苷”，简称为 ATP。就像骆驼在沙漠中行走，驼峰里有能量储备一样，ATP 分子也在细胞中游走并转移能量。

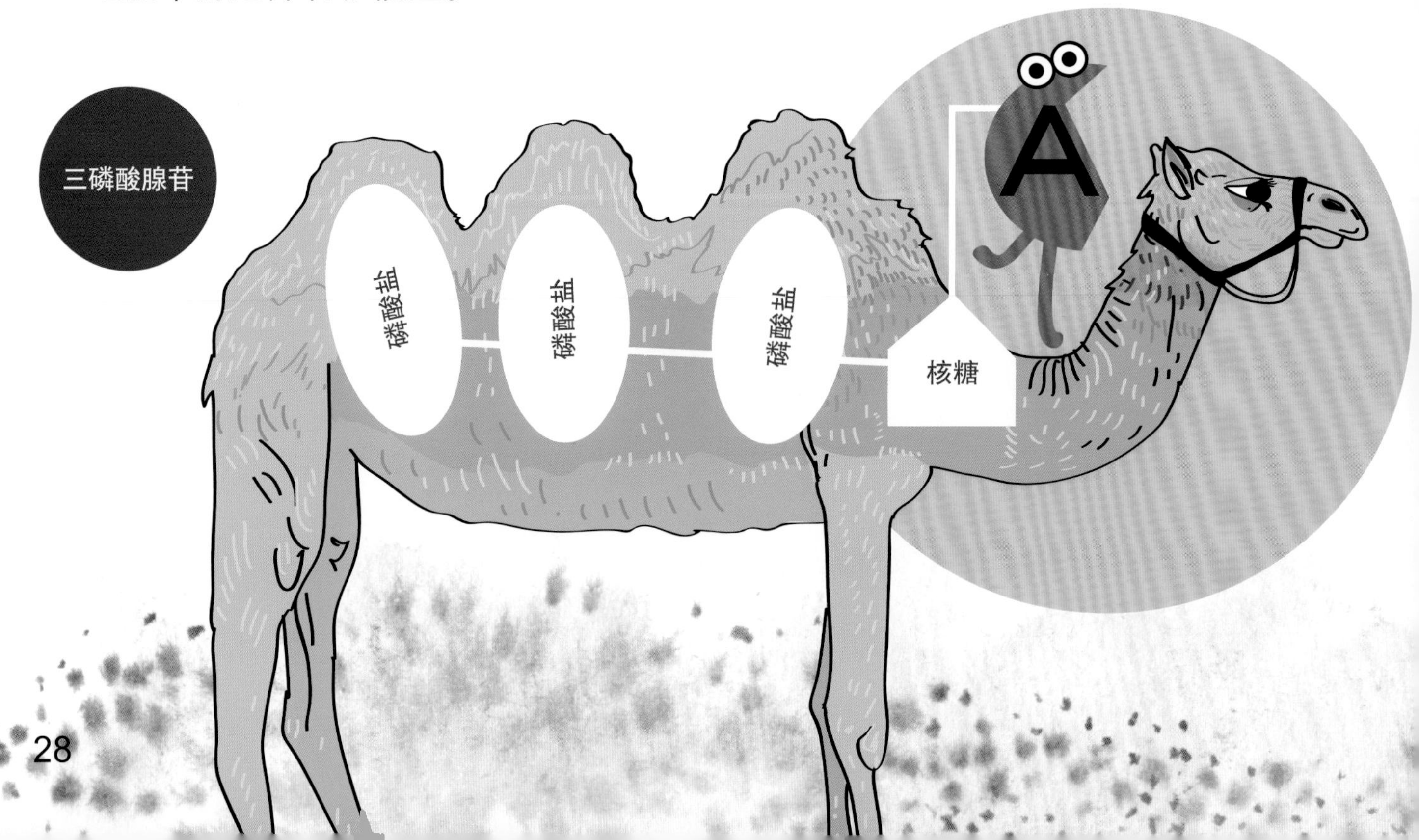

有时候线粒体受到损伤，合成的不是ATP分子，而是会伤害细胞的有毒物质。为防止损坏了的线粒体造成细胞的死亡或老化，细胞会关闭这个线粒体。为此，一种特殊的微型机器人——断路器会从细胞核那里赶过来。微型机器人中的垃圾清理工会把这个坏掉的线粒体包装好，并将其运走以便加工处理。

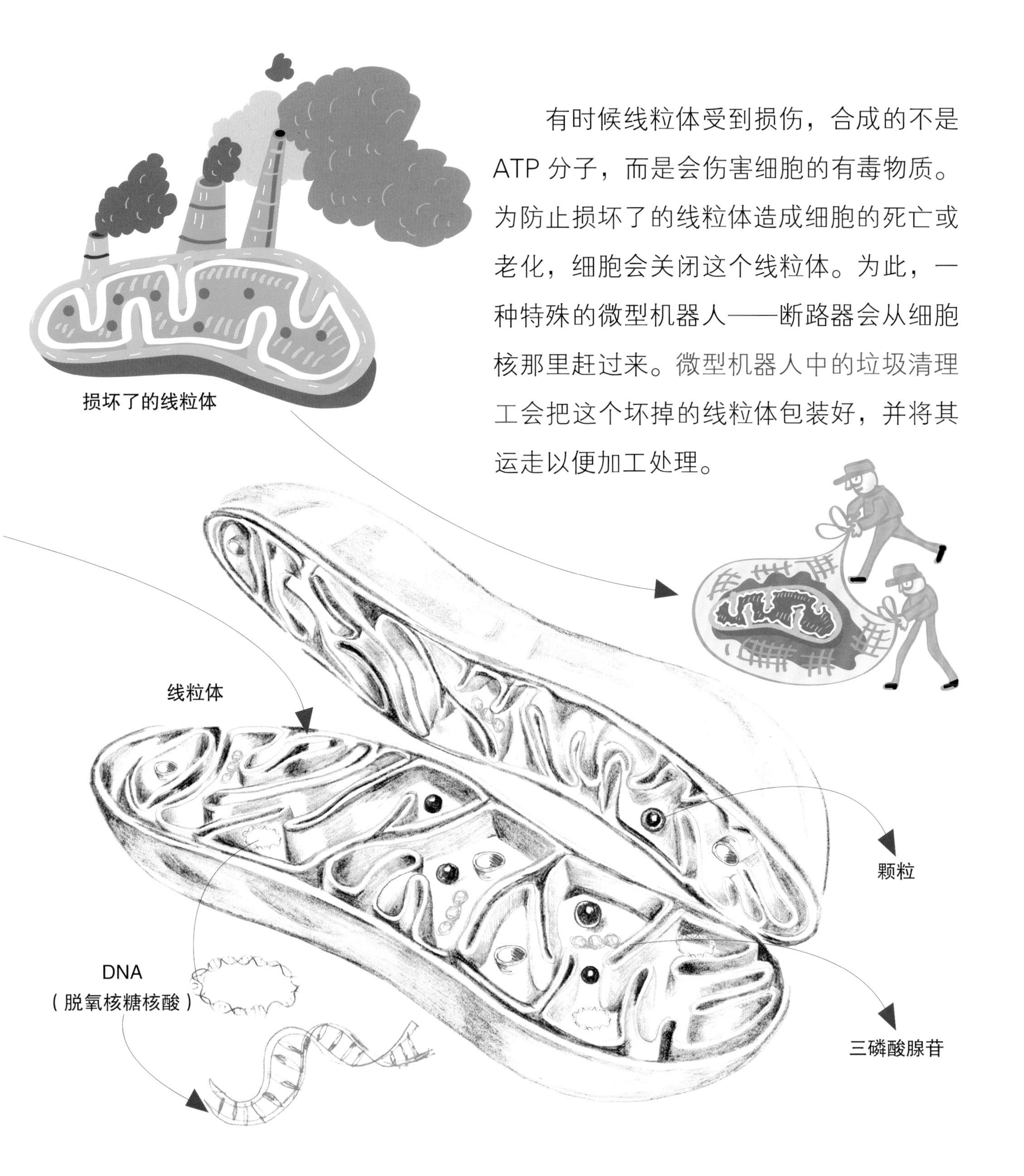

有学说认为，在很久以前的某个时候，线粒体是单独存在的，但是后来与细胞结合了。线粒体将其大部分指令传递到了细胞中心部位，但也保留了一些。它的大部分零部件都是在细胞内的“公共工厂”制造的，但那些难以远距离运输的部件是在线粒体内部的“小工厂”中制造的。线粒体能够繁殖、分裂并相互融合。

黑色标记

一位“警察”在检查细胞内部的所有场所和所有设备。

如果这些警察看到某个设备损坏了（蛋白质损坏可能会带来危害），就在该设备上打上“黑色标记”。

蛋白酶体作为垃圾粉碎设备在细胞中随处可见，它让带有“黑色标记”的蛋白质无处可逃。

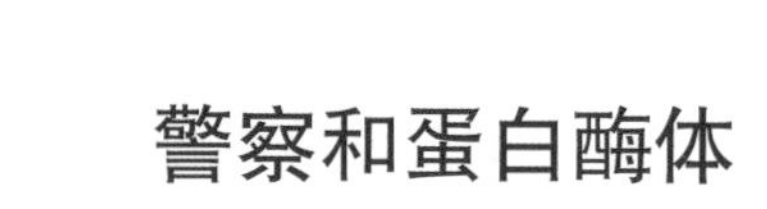

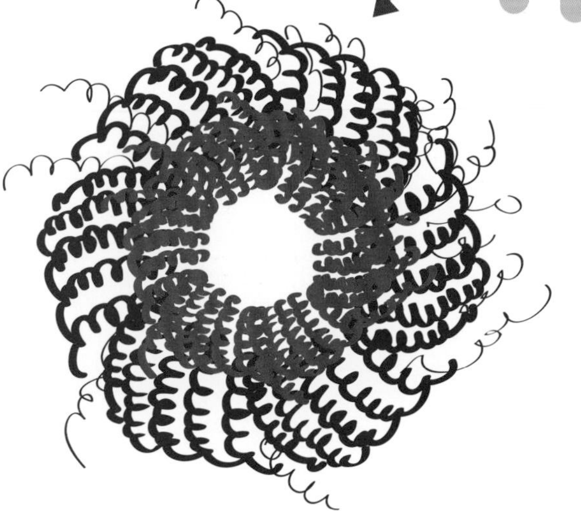

蛋白酶体抓住带有“黑色标记”的蛋白质，并将其切成碎片。特殊的传送装置会将它们塞进小泡里。然后，小泡中的这些碎片会被运送到细胞表面。在这里，蛋白质碎片向外挺伸，露出细胞壁。

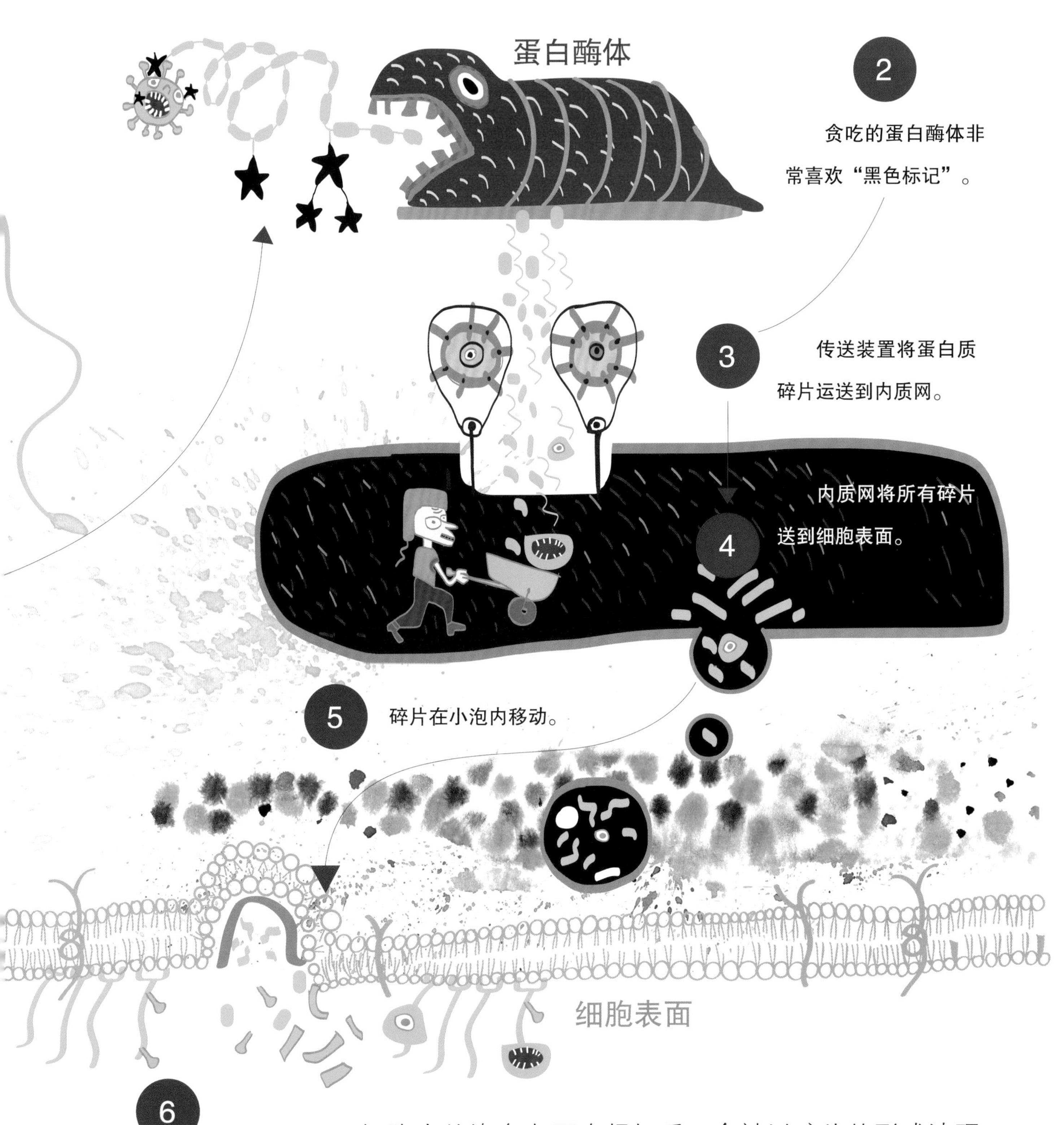

细胞内的许多东西在损坏后，会被以碎片的形式清理出来。这有助于大型生物体内的细胞更好地相互沟通。如果一个细胞内部发生了变化或者有病毒渗入，这一切都会在外部显现出来。细胞通过已经被淘汰的、挺露出来的废物来识别老熟人（或者了解到关于它们的新情况）。

负责给损坏设备打“黑色标记”的警察系统非常复杂。我们至今仍不知道该系统的许多工作细节。但显而易见的是，某些蛋白质会迅速收到“黑色标记”。

无用蛋白质的寿命在其结构中被以某种方式编码。这些不幸的蛋白质一制造出来就会被警察追捕，它们的寿命是以分钟计算的。其他的蛋白质则在完成某个任务后才被追捕……

与垃圾作斗争

细胞里还有一个特殊的垃圾收集系统，它工作时几乎不产生垃圾残渣或其他副产品。这是专门的垃圾处理工厂——溶酶体。

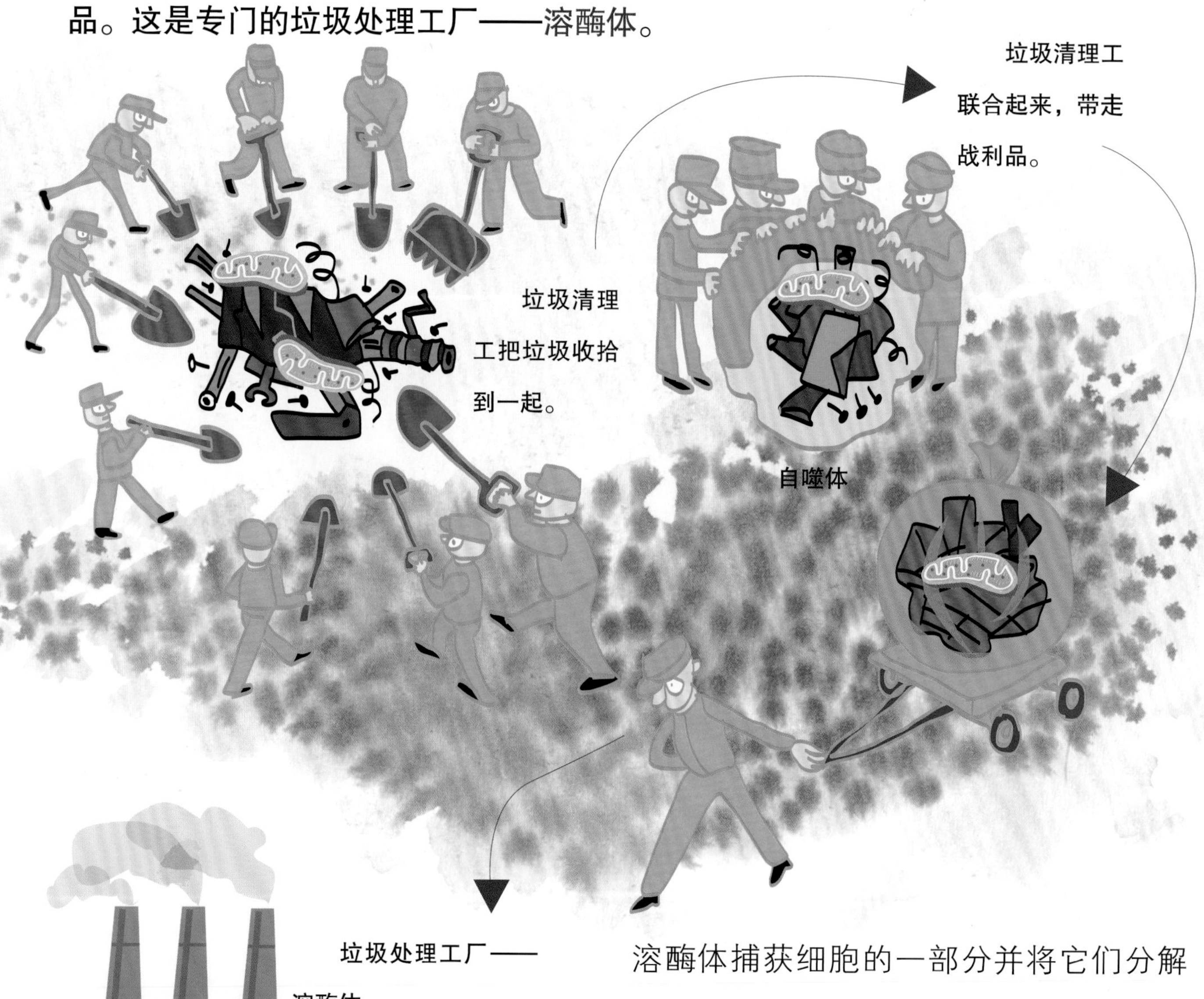

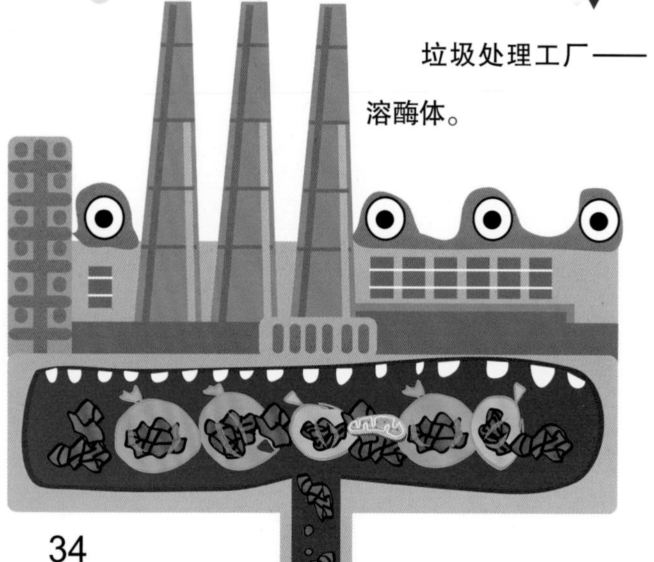

溶酶体捕获细胞的一部分并将它们分解成碎片。一个溶酶体可以吞噬整个线粒体，也可以吞噬一个小的蛋白质。在垃圾出现的地方，垃圾清理工（一种特殊的微型机器人，大小是其他微型机器人的 1/1000）开始聚集，它们将垃圾打包（形成自噬体），并将其运送到垃圾处理工厂——溶酶体进行回收。

垃圾清理工的零部件分散在细胞各处，它们会自行聚集到需要的地方。

专门负责清理垃圾的工人会以某些特定类型的细胞垃圾为目标，就像我们平时见到的专门收塑料瓶或金属罐的废品回收员一样。在特殊情况下，溶酶体可以无需任何帮手，完全独立地吸收周围的垃圾。

溶酶体的形成

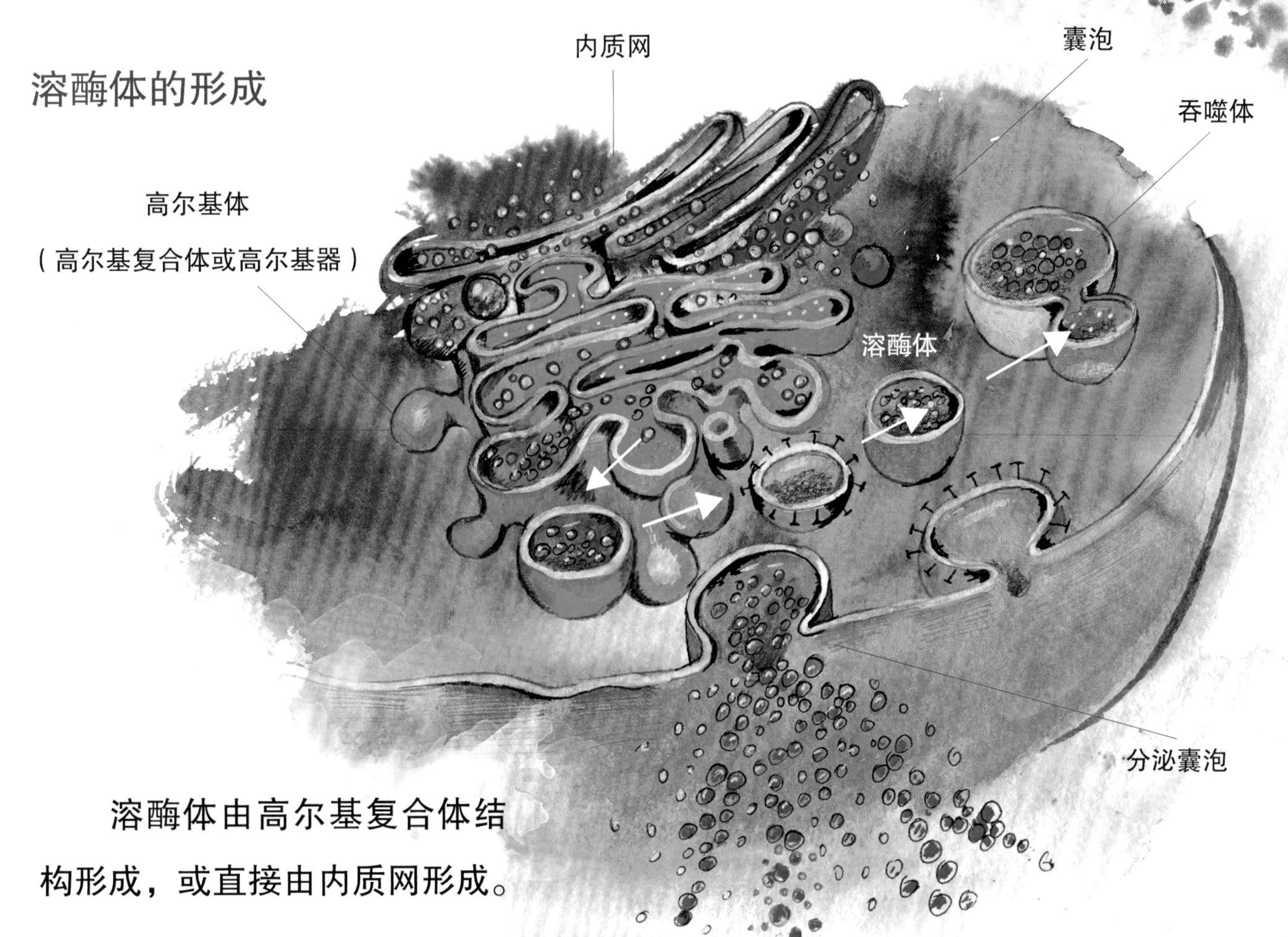

溶酶体由高尔基复合体结构形成，或直接由内质网形成。

种类繁多的垃圾

人体内有一类特殊的吞噬细胞，它们专门吃不是由细胞自身产生的外部垃圾，比如细菌和各种危险的微生物。

吞噬细胞在吞噬细菌（科学的叫法为“胞吞”）后，会落入特殊的囊泡——胞内体，并在那里开始消化。大约一个小时后，一位身处自身小泡中的外部垃圾的搬运工就会游向这种胞内体。细菌碎片和搬运工联结在一起，并以这种结合的形式被运送到细胞表面，同时向外挺露。吞噬细胞就是以这种方式告诉其他细胞，它遇到了哪种微生物。

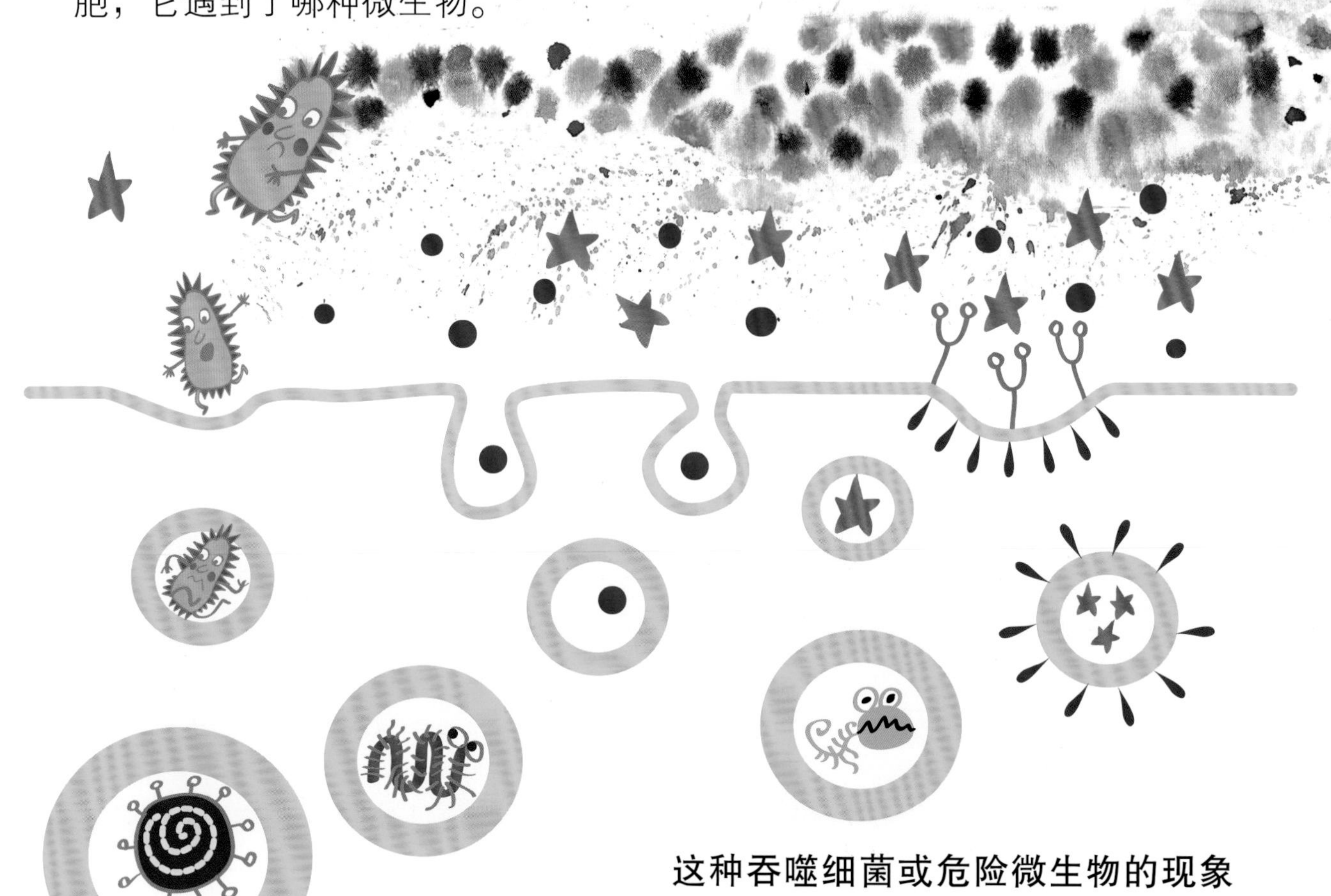

这种吞噬细菌或危险微生物的现象被称为胞吞作用或内吞作用。

胞吞作用极其重要，这是我们的身体对抗微生物入侵的关键。吞噬细胞表面的细菌碎片，很可能成为今后识别这些细菌并对其进行攻击的证据。

每个人都有一支专用的“搬运队”，队伍里有数百个“搬运工”，它们就是细胞里免疫系统的特殊蛋白质。它们的捕捉能力各不相同，正是这种能力决定了我们对疾病的抵抗力。有的“搬运工”擅于捕捉鼠疫病原体并将其运送到细胞表面，有的“搬运工”则擅长处理霍乱……当有人患上某种可怕的疾病时，如果“搬运工”能够成功地应对它们，那么这位患者只是会感到轻微的不适，不会有致命危险。

当细胞处于饥饿状态时，它就开始自噬。它会首先选择吃掉自己不太重要的那部分。适度的饥饿可能是有益的，因为此时细胞做的第一件事就是吃掉垃圾，继而它的所有零部件都会得到更新并恢复活力。

但是，如果饥饿持续下去，细胞就会对吃自己的零部件上瘾，严重的会导致细胞自身死亡。当细胞内部出现损伤时，细胞本身便会失去力量，从而导致控制系统被破坏。

为繁殖而分裂

我们之所以能长大是因为我们的细胞在不断繁殖。当细胞繁殖时，它会复制自己所有的部分，使它们的数量在原有的基础上增加一倍。整个信息库也被重写了。细胞的体积变大，并分裂成两个，每一个新细胞都能重复这个戏法。

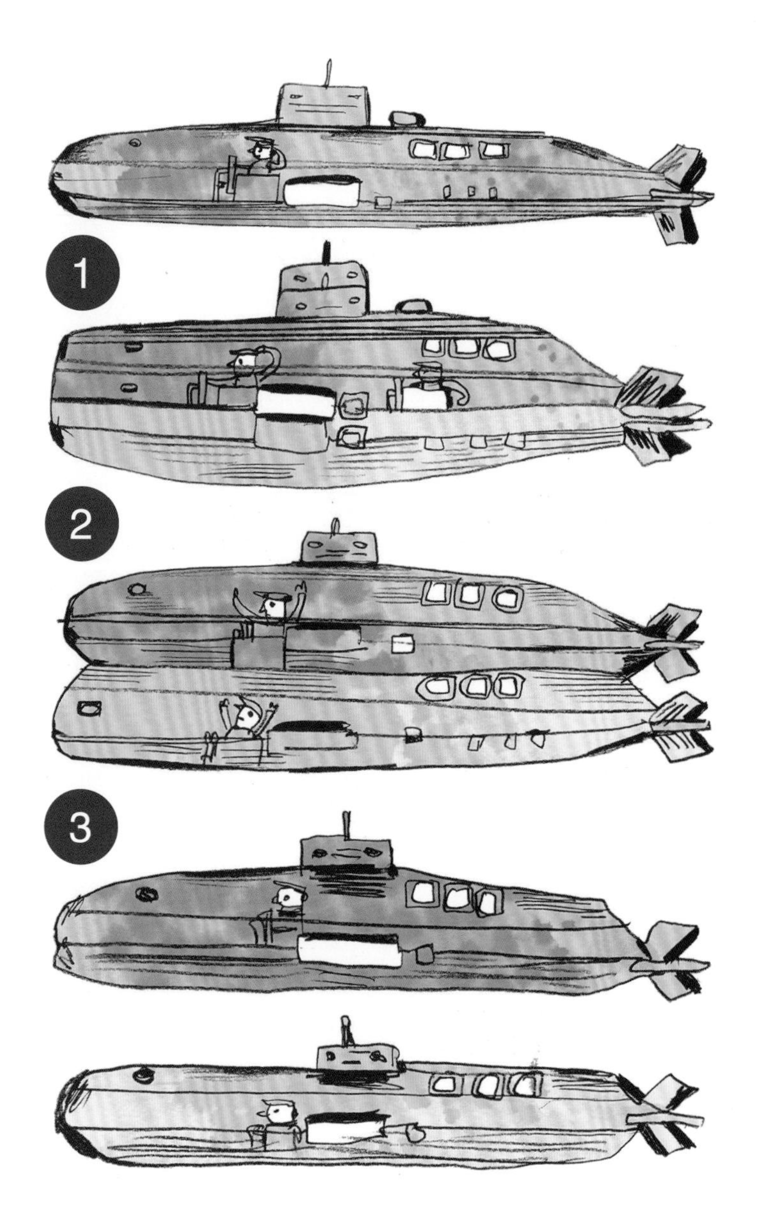

想象一下，一艘潜水艇，它在自己的内部复制了自己所有的零部件，膨胀起来，紧接着分裂成两艘潜水艇！

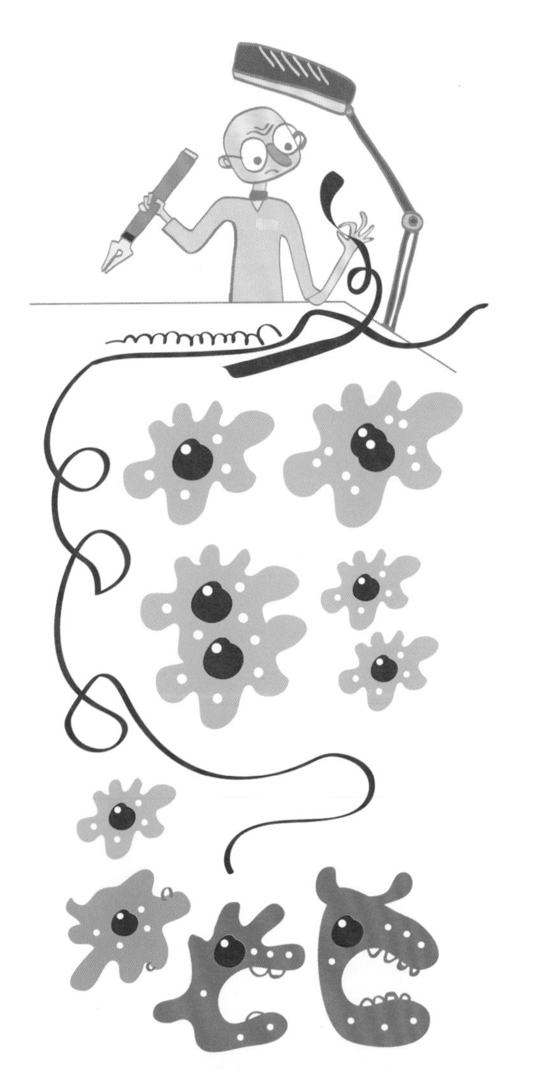

细胞繁殖时最难的事是准确无误地誊写信息库。如果指令中出现错误，细胞就会制造出无用的零件。

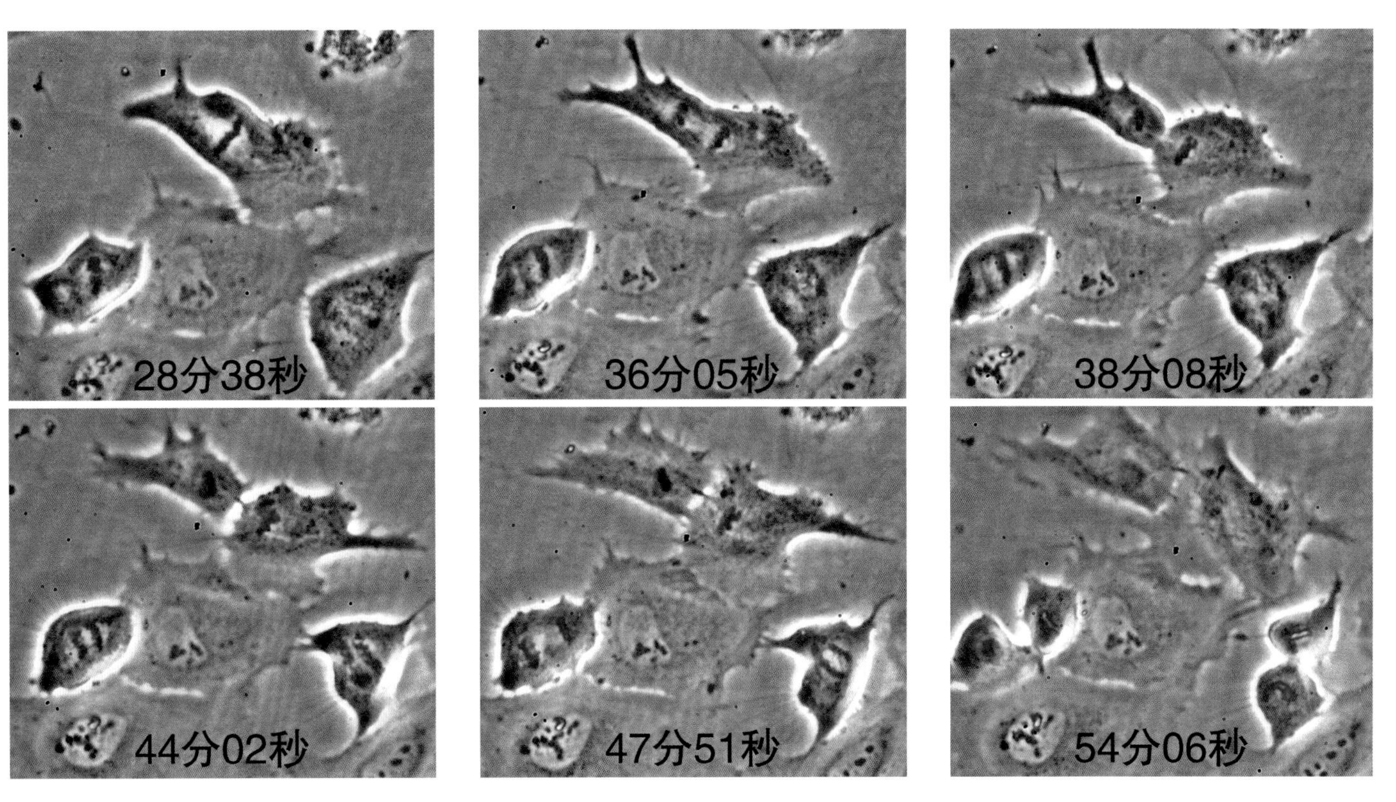

库页岛鲟鱼的三个细胞在分裂，数字显示的是观测时长。

通常，指令中的错误（突变）会导致细胞之间的通信中断，并且可能对生物体产生危害。这时，一些细胞会误认为自己比其他细胞更聪明，不再遵守一般规律，并开始繁殖，构建自己的多细胞生物体。肿瘤就是这样形成的，它们可能导致整个机体的死亡。有时，突变也会意外地改善细胞的功能，细胞发生变化，整个生物体也随之改变。这种向好的变化世代相传，积累得非常缓慢，并促成了进化。这意味着在数百万年的时间里，生物体发生了很大的改变，这就是植物、真菌和动物的新物种的形成过程。

细胞分裂

当一个细胞分裂时，它会创造出另一个自己（双胞胎）。它会从信息库开始，一部分一部分地抄写指令。所有指令抄写完成后，还需要将它们包装好，因为这两套指令方案必须平均分配到两个新的细胞中。

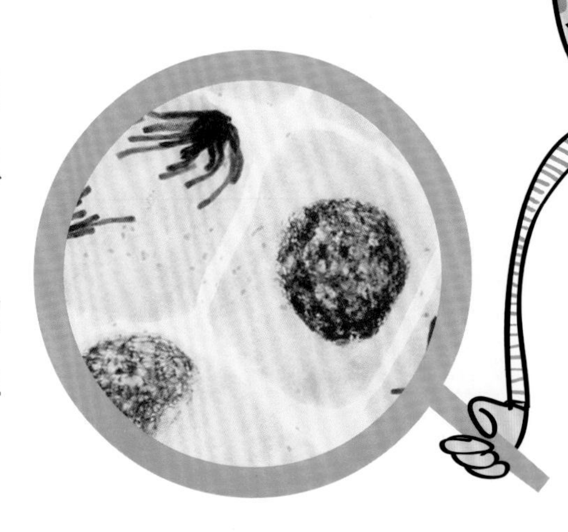

这些指令很长，它们被写在 DNA 珠链上。如果把它们拉伸成一条线，那么这条线比细胞核本身还要长一百万倍。在显微镜下，我们可以很容易看到 DNA 珠链被多次压缩后形成的厚实而紧凑的染色体。人体有 46 条染色体，旧的和复制的新染色体被捆绑在一起。紧接着，细胞分裂（有丝分裂）便开始了。

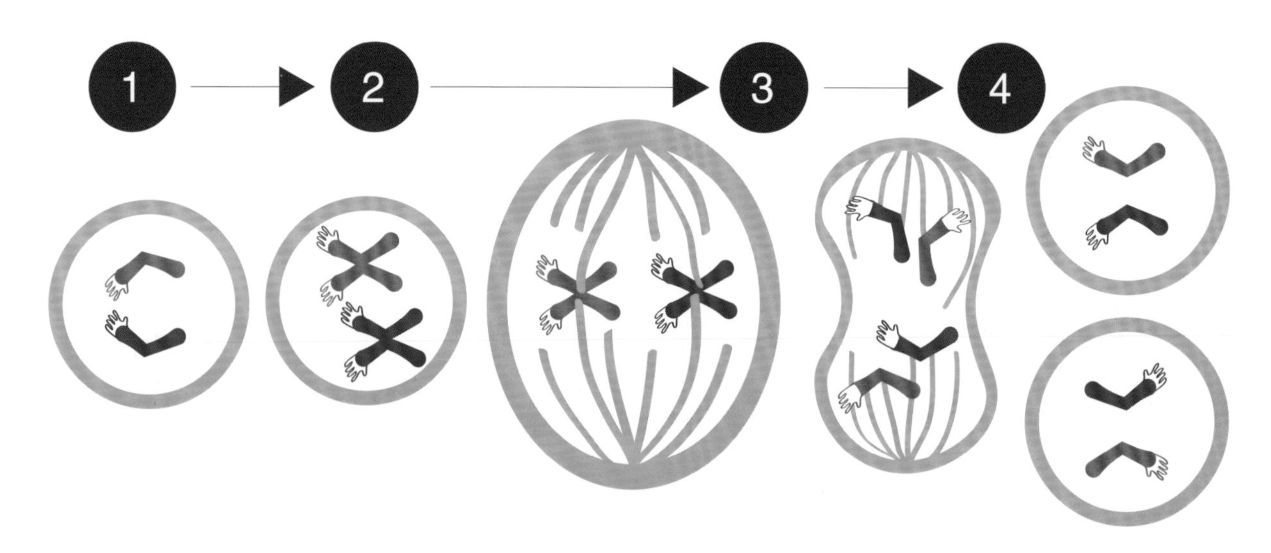

一个中心粒会分裂成两部分。现在，两个中心粒已向不同的方向分开，同时借助微管将细胞中的一切资产平均分配。原来的细胞核膜溶解，整个信息库在新细胞的边界处也同时建立起来。

人类细胞不喜欢冒险，所以它们竭力复制所有指令。我们的 46 条染色体由 23 对非常相似的卷轴组成，我们从父母那里继承了这些染色体。

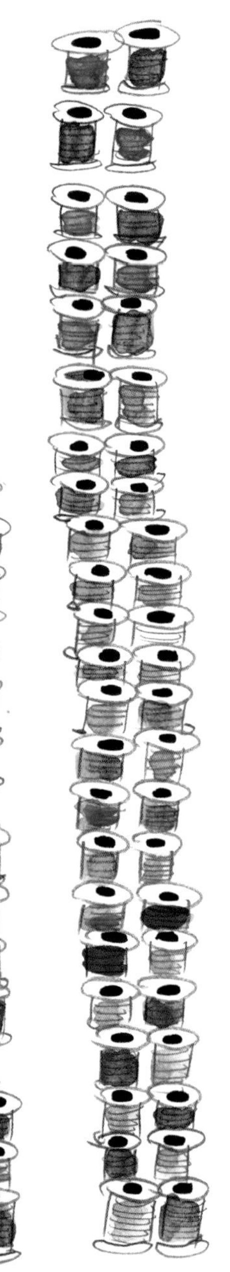

这些染色体停留了一会儿并确保一切正常后，互相道别、各奔东西。接着，它们重新聚集成两组，新的核膜开始在每一组染色体周围形成，整个细胞从中间被挤压，直到最终分裂成两个细胞。

永生的细胞

细胞可以无限分裂吗？很明显，它们可以。毕竟，我们是由父母细胞的后代细胞组成的，而父母的细胞，也是祖父母和外祖父母细胞的后代。

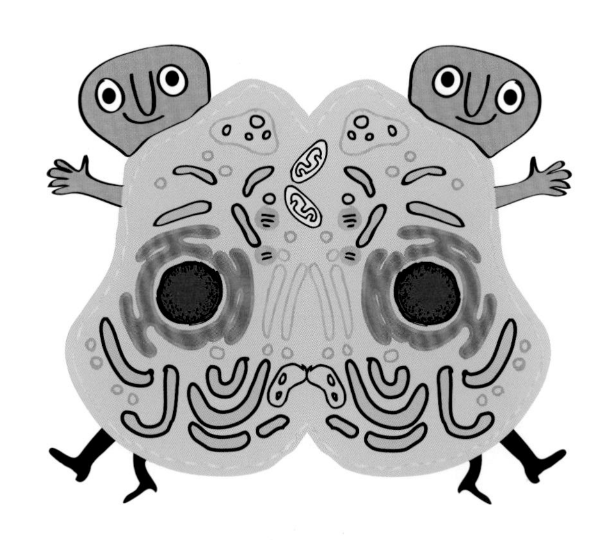

然而，如果把我们的细胞拿出来，试着在实验室的容器中单独培养，它们很快就会停止生长。问题出在哪里？实际上，我们的大多数细胞都有一个分裂限制器。在分裂数十次后，细胞就会停止分裂。那么这个限制器是如何设置的呢？

当一个普通的细胞重抄自己的信息库时，它并没有把这件事做完。在抄写到最后几段信息时，抄写员似乎累了，原稿从他的手中滑落，原有的信息就这样变少了！这似乎是工作中出现了严重的失误，但什么都没有发生。细胞暂时还没有注意到这一损失。

最终的抄本是否毫无意义且白白占据空间呢？科学家研究发现，在染色体的末端（原稿末尾）确实有一个奇怪的记录（TTAGGG）被重复了数万次！原来，它不是制造任何蛋白质所必需的东西，但是它有另一个重要的作用。

这种单调的重复是细胞分裂的计数器：每一次抄写（转录信息库）都对应一次分裂。当重复的长度大大缩减时，细胞才会注意到这一点。它没有能力把抄本的结尾包装好，并把底稿合上。重复是一种类似锁扣之类的东西，太短的锁扣就不能用了。在扣合上底稿之前，细胞不能进行下一步行动。这样的细胞注定要在余生中想方设法地整理好自己，而不是进行分裂。具有这种内在缺陷而无法繁殖的细胞被称为衰老细胞。

既然如此，那么永生细胞究竟是如何分裂的呢？要知道，我们所有人都起源于永生细胞。

永生细胞里有一位特殊的微型机器人——抄写员，也就是端粒酶。实际上，端粒酶并没有抄写任何东西，它只会写一些TTAGGGTTAGGGTTAGGGTTAGGGTTAGGGTTAG……并且只要有足够的时间和精力，它在每条染色体的末端都会这样做。在有端粒酶的细胞中，新记录可能不会比原始记录更短，相反，会更长。所以整个复制过程就可以任意进行，无论多少次。

在机体发育的早期阶段，端粒酶会在大多数细胞中运转，然后它在启动分裂计数器时将自己关闭。

大自然对细胞的自由生长进行了这样的限制，以减少形成肿瘤的可能性。带有计数器的细胞不可能长成又大又危险的肿瘤——它实在是没有足够的时间这样做。

衰老的细胞

衰老的细胞是近年来科学家关注的焦点。

首先，已经清楚的是，衰老细胞的形成频率比预想的要高得多。染色体末端的那种单调的重复序列（端粒）可能会由于各种各样与DNA复制无关的现象而缩短。只是这个重复序列是（染色体结构中）最薄弱的地方：它更容易断裂，而且修复起来也更困难。

长端粒染色体的末端部分形成美丽的卷曲环，短端粒则没有。这给细胞带来了麻烦。

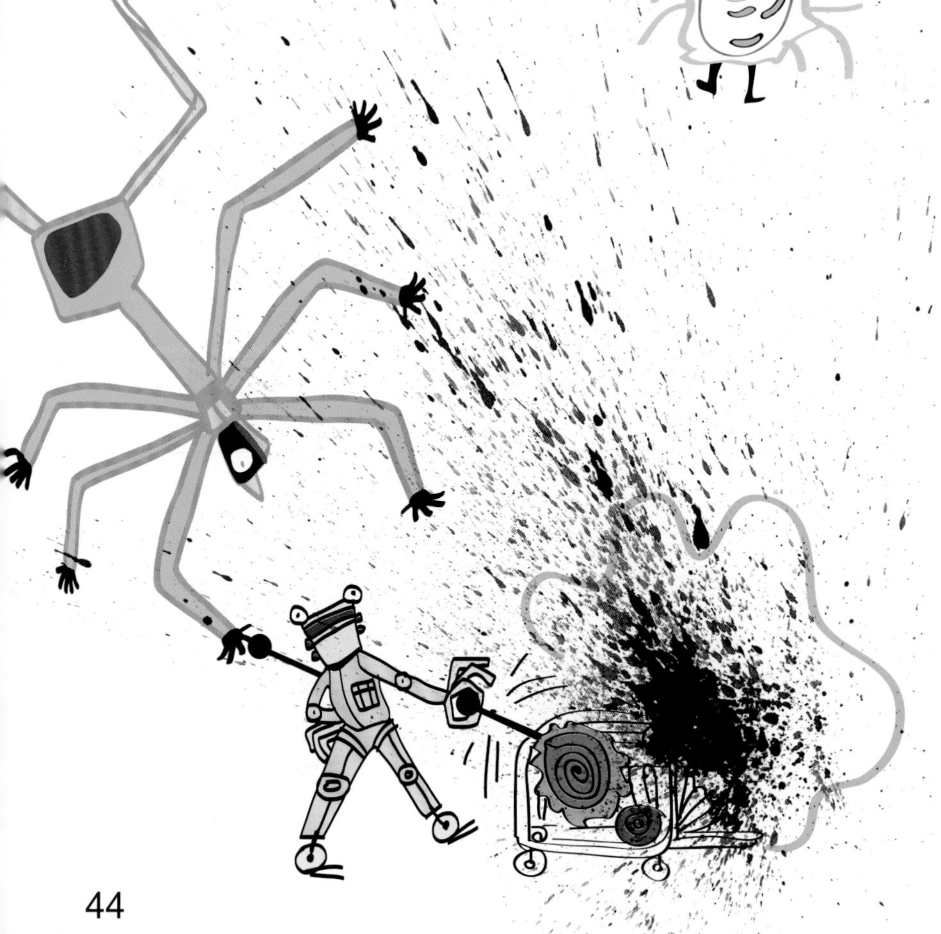

其次，衰老细胞的形成也有完全不同的原因。比如，细胞可能被病毒损坏，该病毒利用细胞内部的微型机器人进行自我发育。只是这些病毒表现得笨手笨脚，它们居然一边铆足了劲儿启动某种细胞活动进程，一边却又踩下刹车。结果，细胞感觉到了故障并开始修复，同时停止了繁殖。

衰老的细胞随着时间的推移不断蓄积。如果它们只管自我修复，不以任何方式影响周围的细胞，那就没有那么糟糕。可是，这类细胞为了进行维修工作，要做的第一件事就是储备各种物资和设备。它的体积变得更大，它开始抛弃形象，长出了“肚子”。它的新陈代谢率开始下降，多余的物质不断积累……随着时间的推移，老化的能量站出现故障，并开始产生有毒的物质。

这还不够——衰老细胞开始大声地向周围“抱怨”，它们的“邻居”（其他细胞）不再满足它们的需求，于是它们试图改变自身所处的环境。从科学角度来讲，这被称为炎症。这些细胞渴望吸引免疫系统的细胞来帮助自己。当衰老细胞的数量增多时，它们的活动会影响整个人体，结果是患上各种与年龄有关的疾病的可能性在增加。

直到 21 世纪，细胞的衰老机制才变得清晰起来。许多治疗疾病的新方案已经出现。过去，科学家只考虑如何减缓细胞老化，而现在他们可以走另一条路。

如果能以某种方式将衰老的细胞从机体中除去，将有助于治愈许多成年期特有的疾病。

细胞的种类

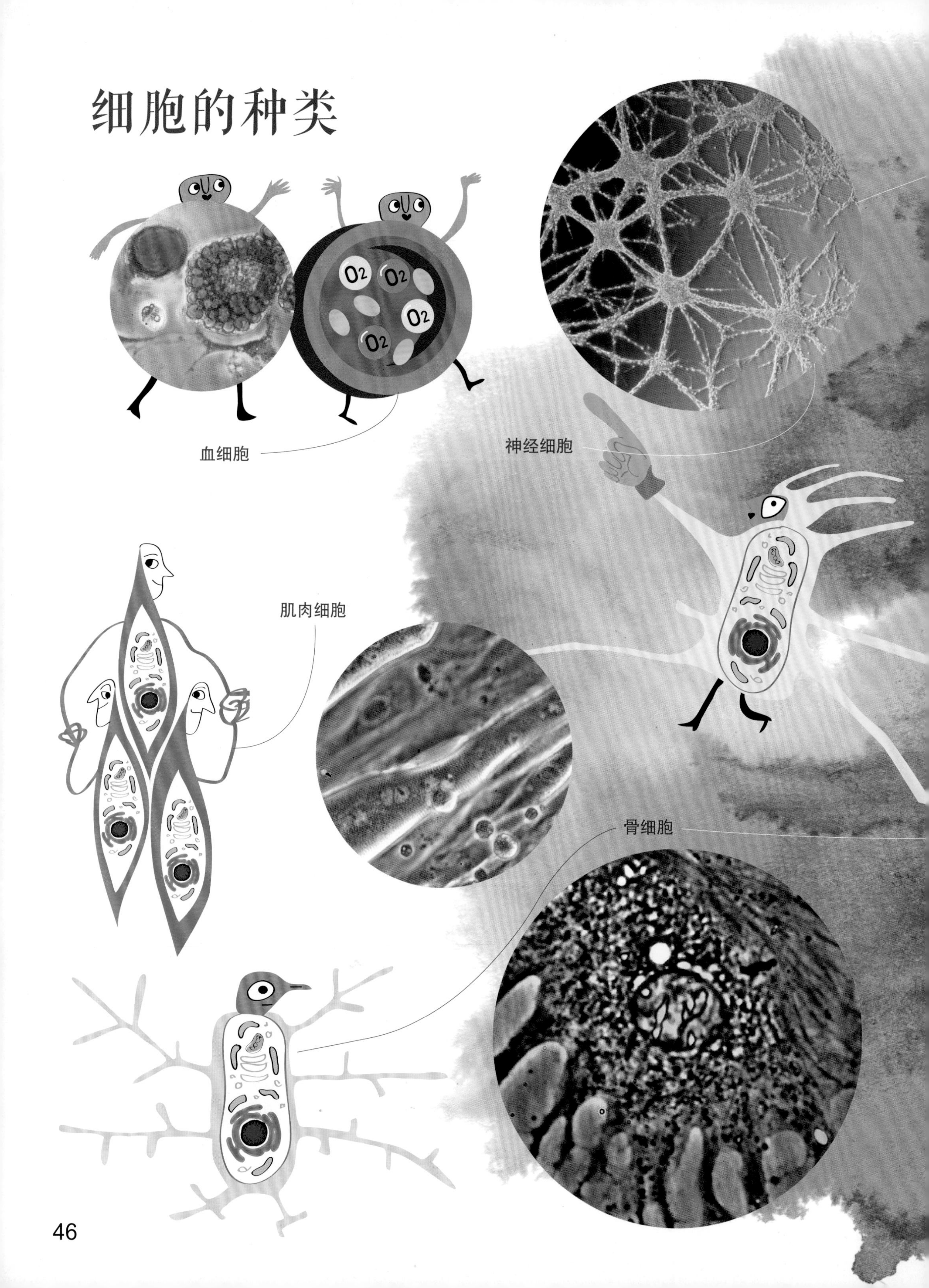

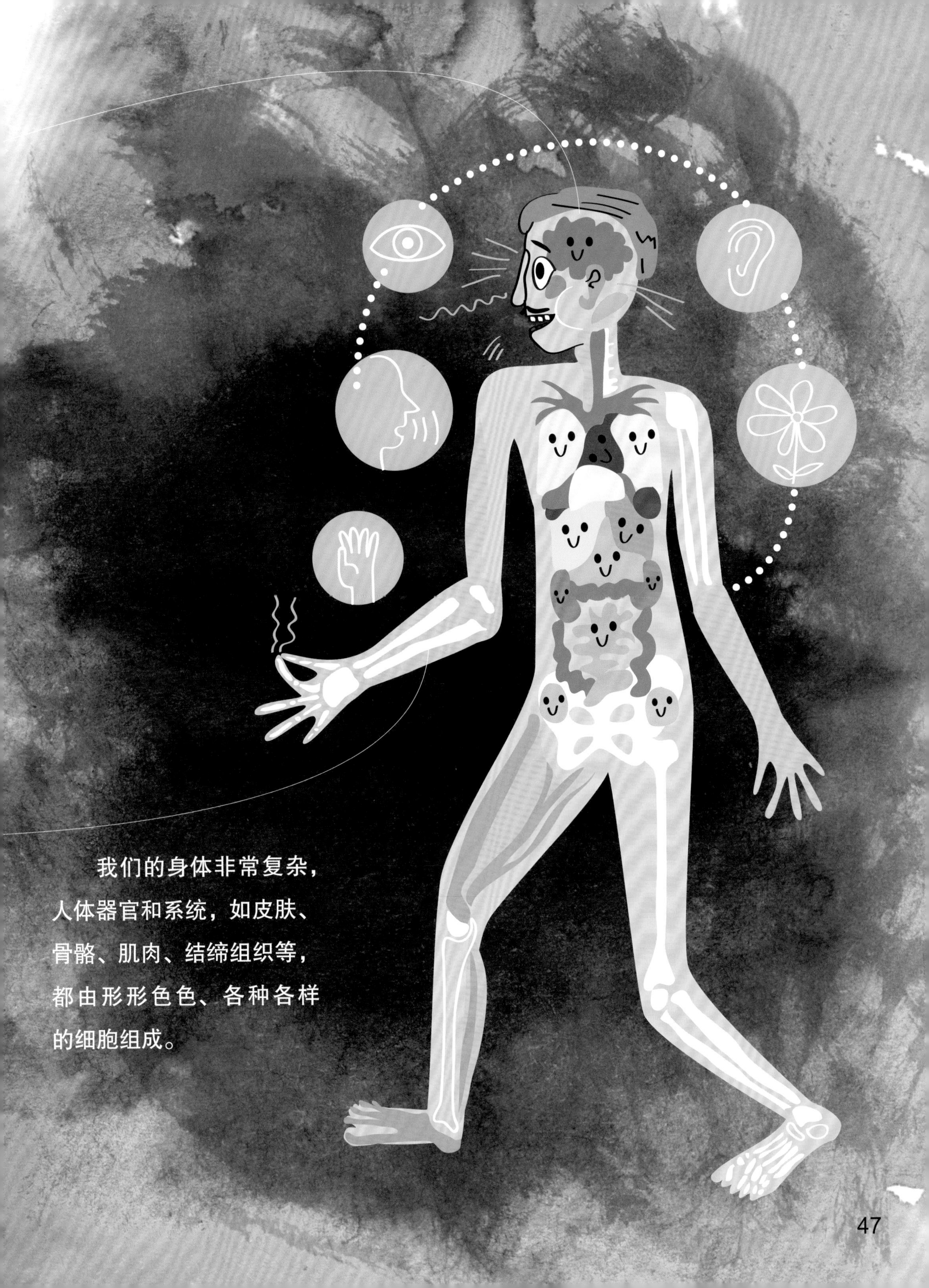

我们的身体非常复杂，人体器官和系统，如皮肤、骨骼、肌肉、结缔组织等，都由形形色色、各种各样的细胞组成。

红色的小袋子

人体内有非常重要的血细胞——红细胞。它们使我们的血液呈现红色，并将氧气输送到全身。

这些圆圆的小细胞一生都在“旅行”，为其他细胞输送氧气。它们的工作很单调，但却很重要。因为，我们身体中的任何细胞都不能没有氧气，细胞需要氧气才能产生能量。

为了摄取更多的氧气，红细胞会尽可能地用血红蛋白来填充自己。可怜的红细胞失去了细胞的其他所有部分，变成了一个装有血红蛋白的小袋子。这样的小袋子在我们体内漂浮大约三个月后就会破裂。旧的红细胞会被新的所取代。

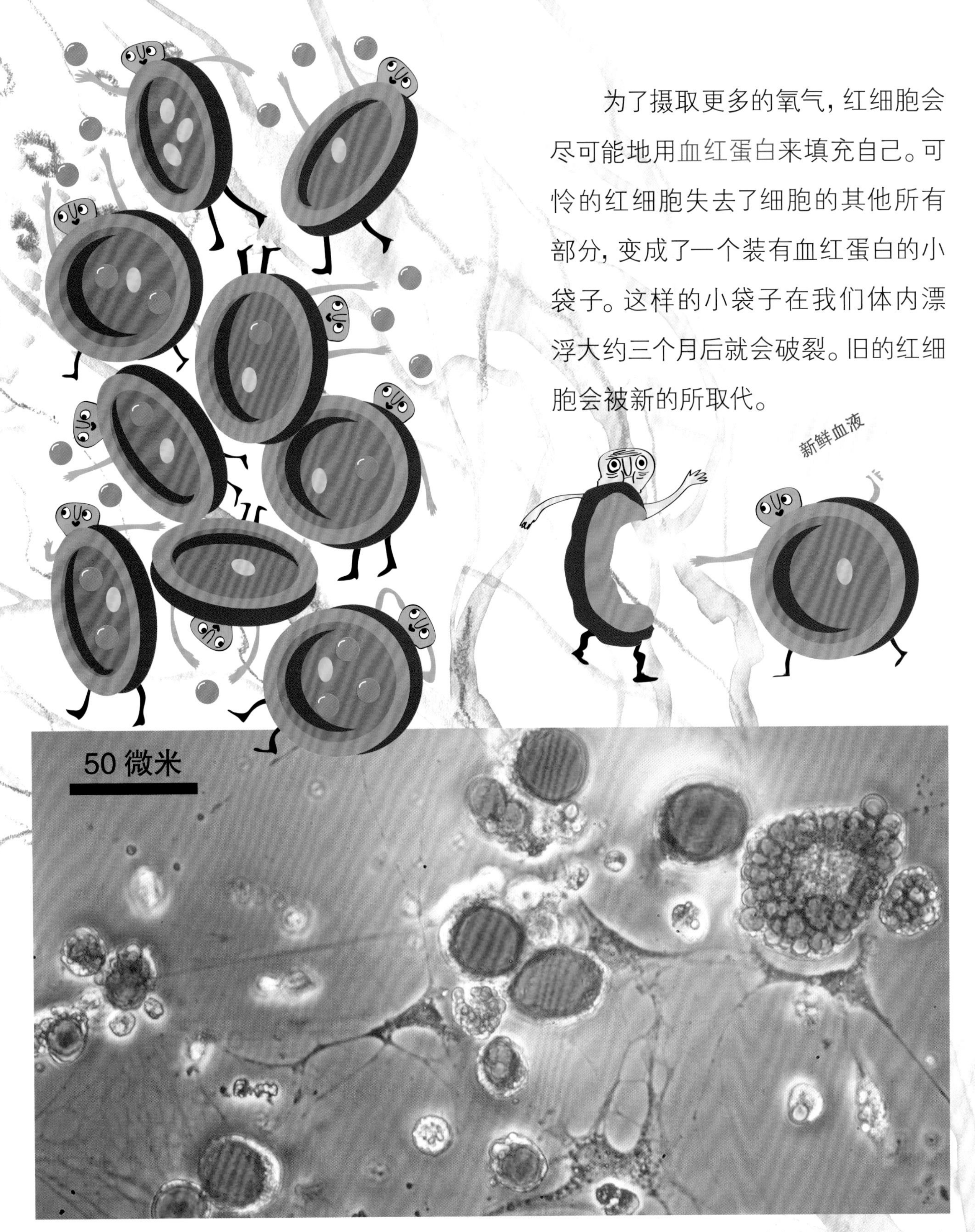

脂肪组织的细胞（脂肪细胞）不是用血红蛋白填满自己，而是用脂肪（图中用橙黄色标识的部分）。脂肪是人们储存食物以产生能量的最简洁的办法。脂肪细胞可以非常迅速地与其他细胞分享自己的身体。

长突起和神经元

神经元(神经细胞)对人体也很重要。这些细胞，尤其是它们的突起，长度可达1米！大多数神经元位于我们的大脑中，几乎所有的神经元都会伴随我们一生。

神经元能够产生大量生物电信号，其神经突触则承担着传导功能。通过电信号调控，神经元可以激活或抑制人体内的各类生理机制。为了维持这些长突触的营养供给、氧气交换和物质合成，神经元内部存在沿突触分布的微管轨道系统。被囊泡包裹的运输载体沿着微管轨道双向运动，且具有差异化的运输速率。这种独特的运输机制甚至能够支持线粒体在神经元内的定向迁移。

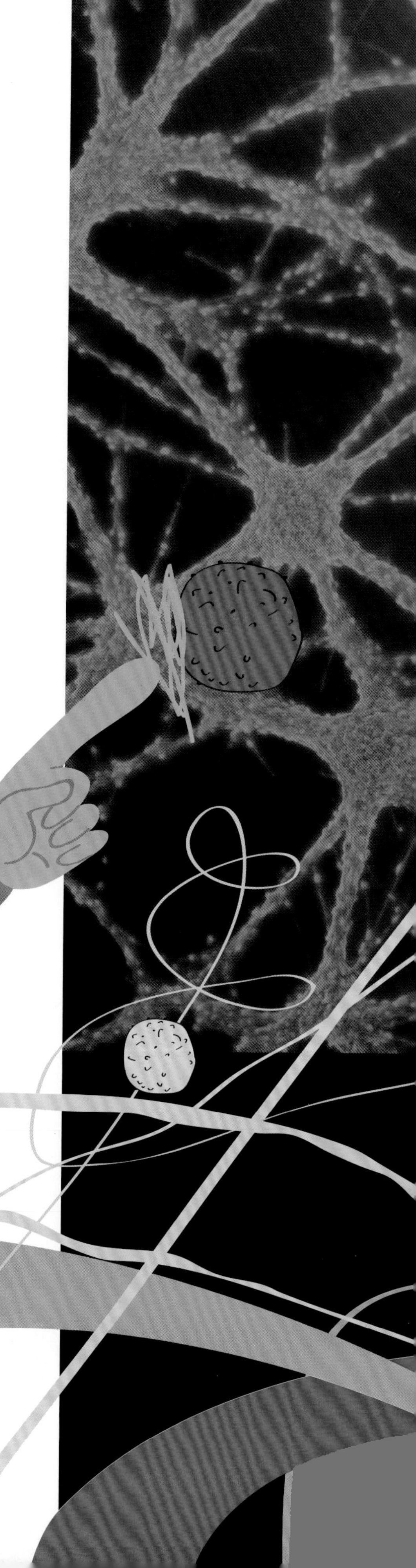

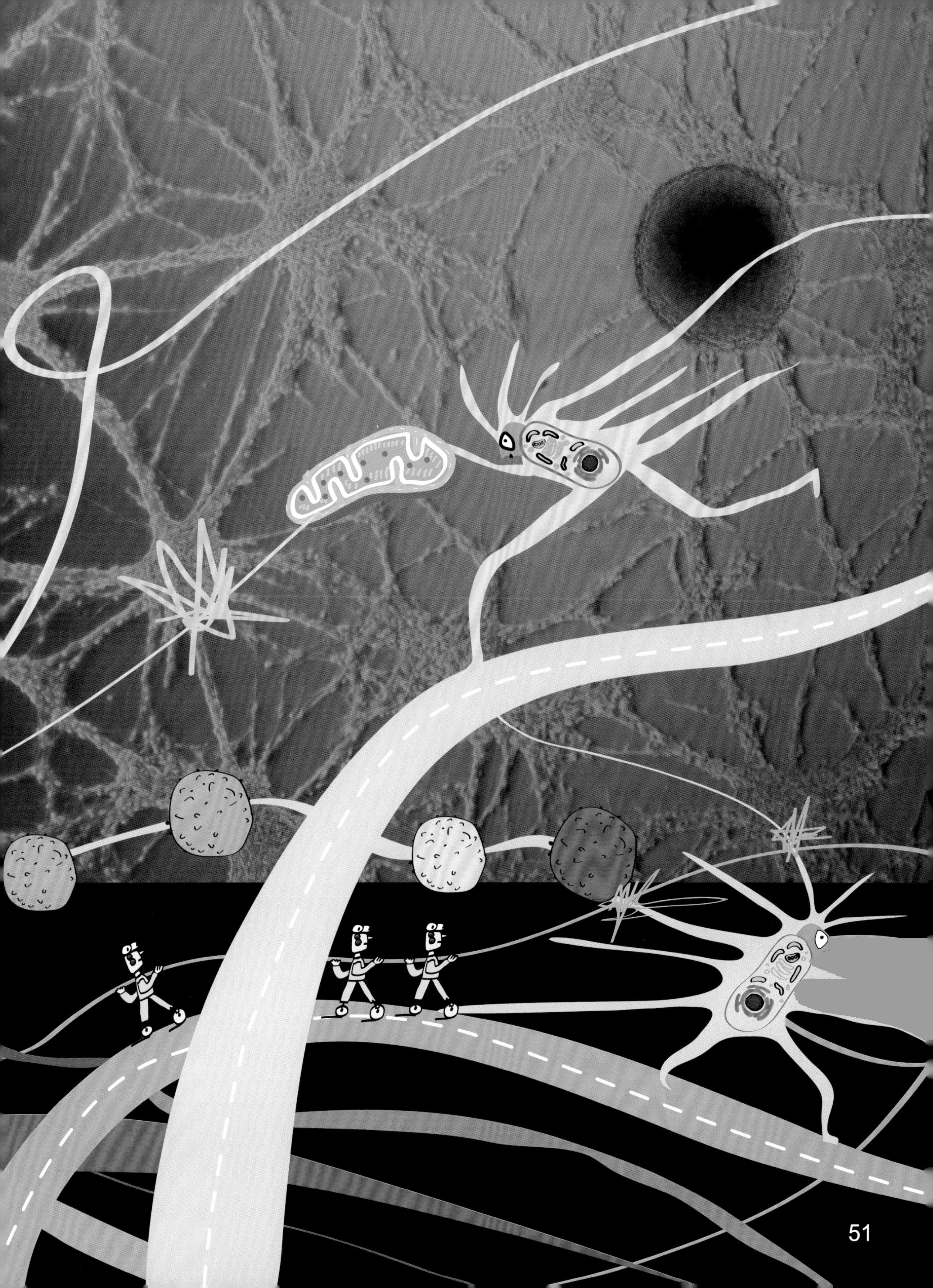

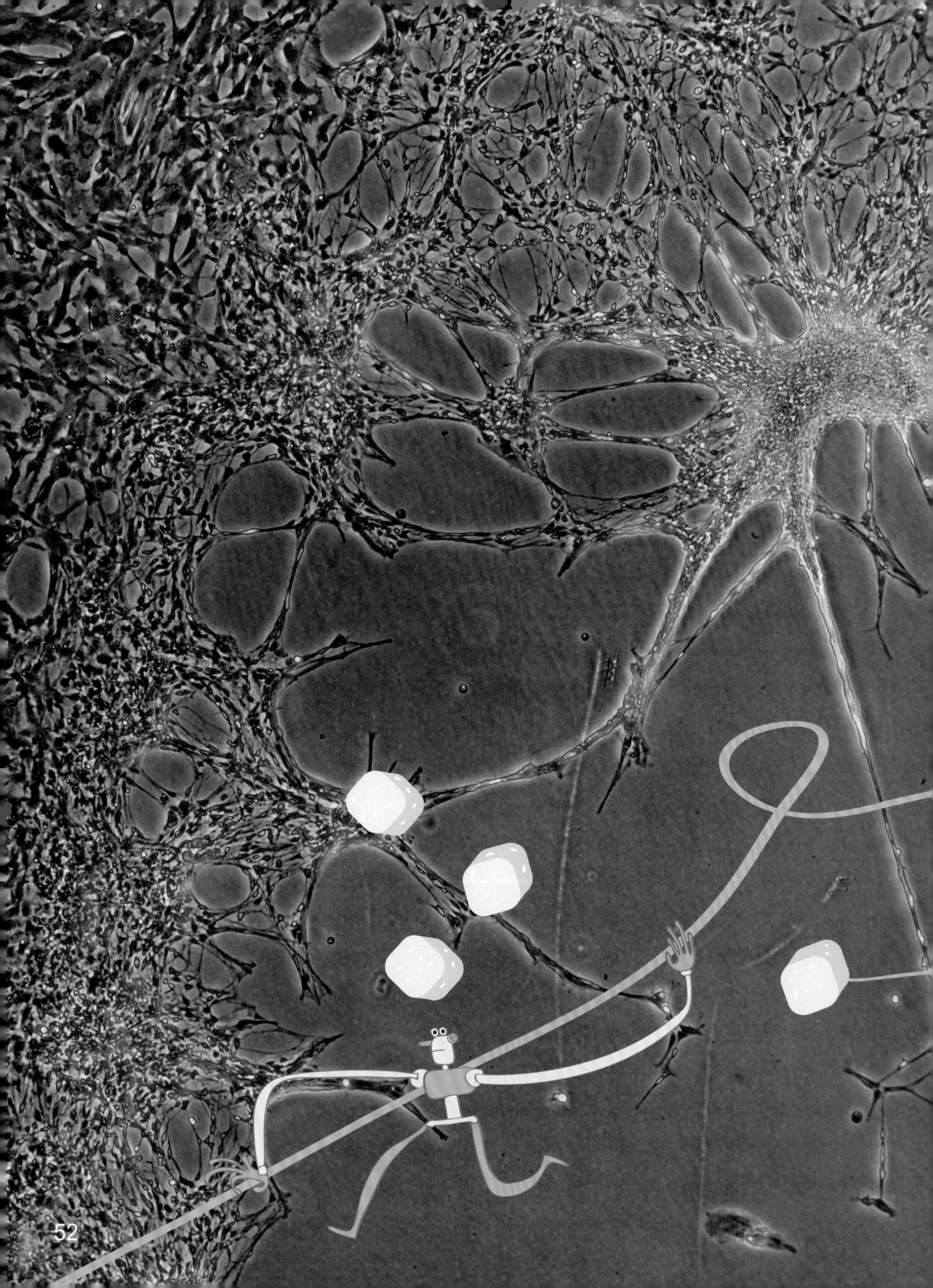

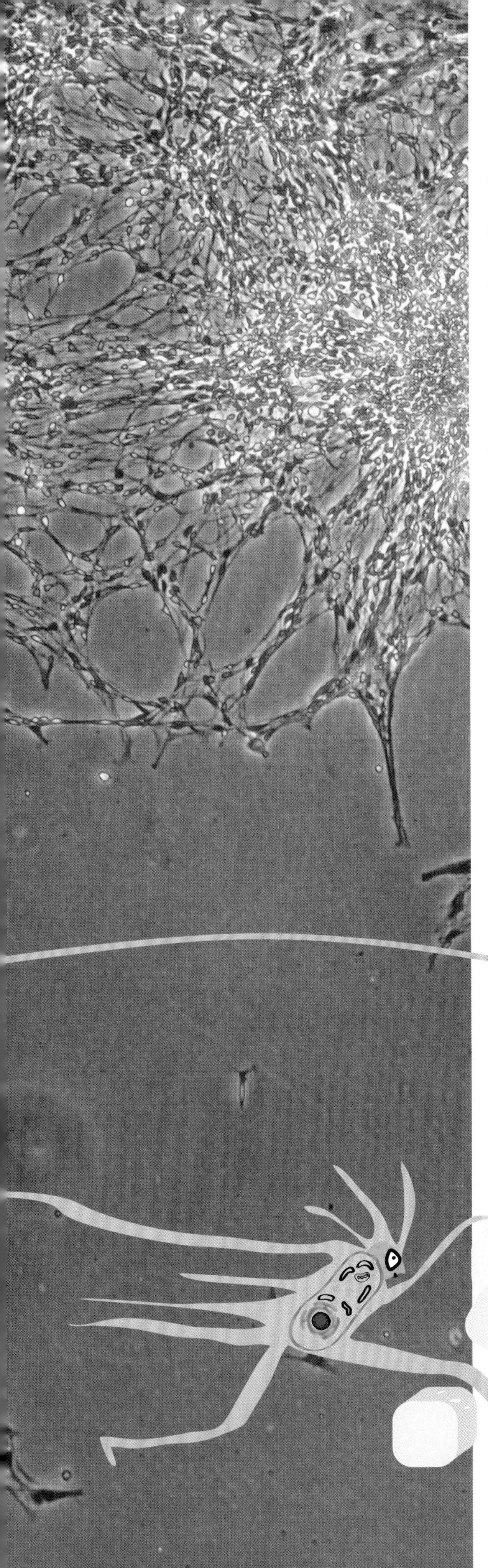

每个神经元都有一组细胞助手为其服务。一部分助手负责为神经元持续提供营养，另一部分则起到隔离作用。神经元中的电活动一刻也不能停止，因此神经元是 “甜食爱好者”。它们以糖为食，而人体总是会储备糖。神经元中的线粒体能迅速将糖转化为三磷酸腺苷 (ATP) 形式的能量。

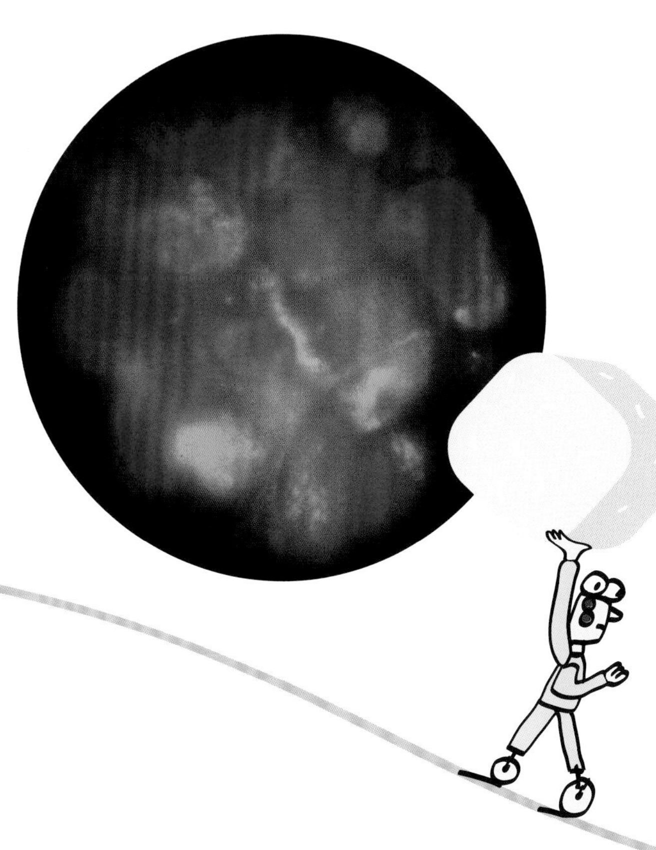

小型神经球。神经元 (呈红色)

与其绿色的助手细胞紧密连接。

神经网络的发育示意图

我们的思维、意识、记忆都离不开神经元的辛勤付出。神经元彼此连接，就像一个巨大的网络。该网络位于我们的大脑，通过导线和身体的所有器官相连。

神经元网络示意图

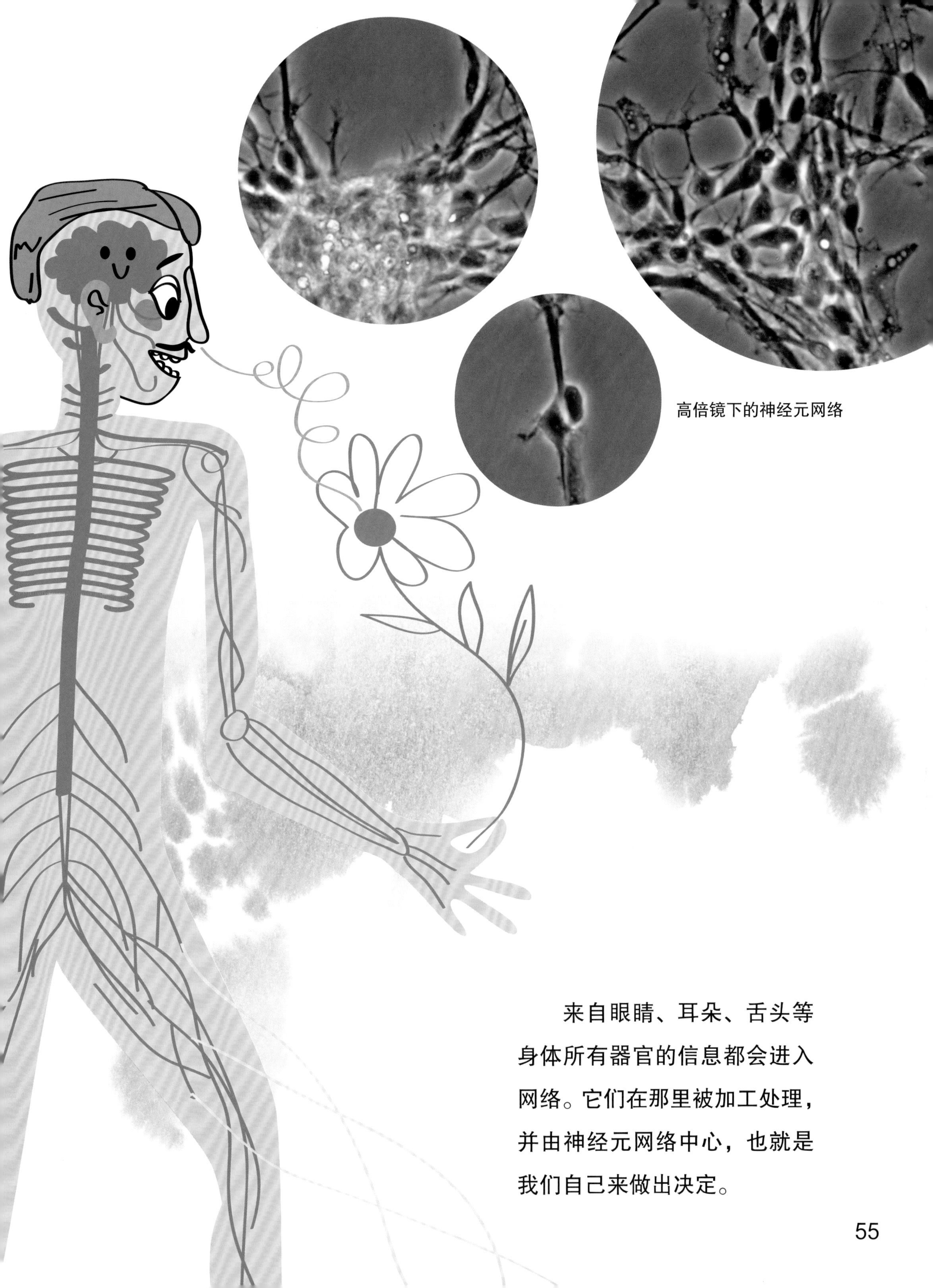

高倍镜下的神经元网络

来自眼睛、耳朵、舌头等身体所有器官的信息都会进入网络。它们在那里被加工处理，并由神经元网络中心，也就是我们自己来做出决定。

谁的骨骼更粗壮？

骨细胞居住在骨制的小房子里。这些细胞向房子表面起劲儿地分泌着蛋白质（骨物质），随着时间的推移，蛋白质会变硬。这些坚硬的细胞会为自己留下门和窗，以供自己进食和呼吸。几千所坚固的小房子连接在一起，就形成了一座大房子——骨骼。骨骼支撑着我们的身体形状，使我们能够移动，它们一直在保护着我们。

骨细胞在自己周围分泌骨物质。

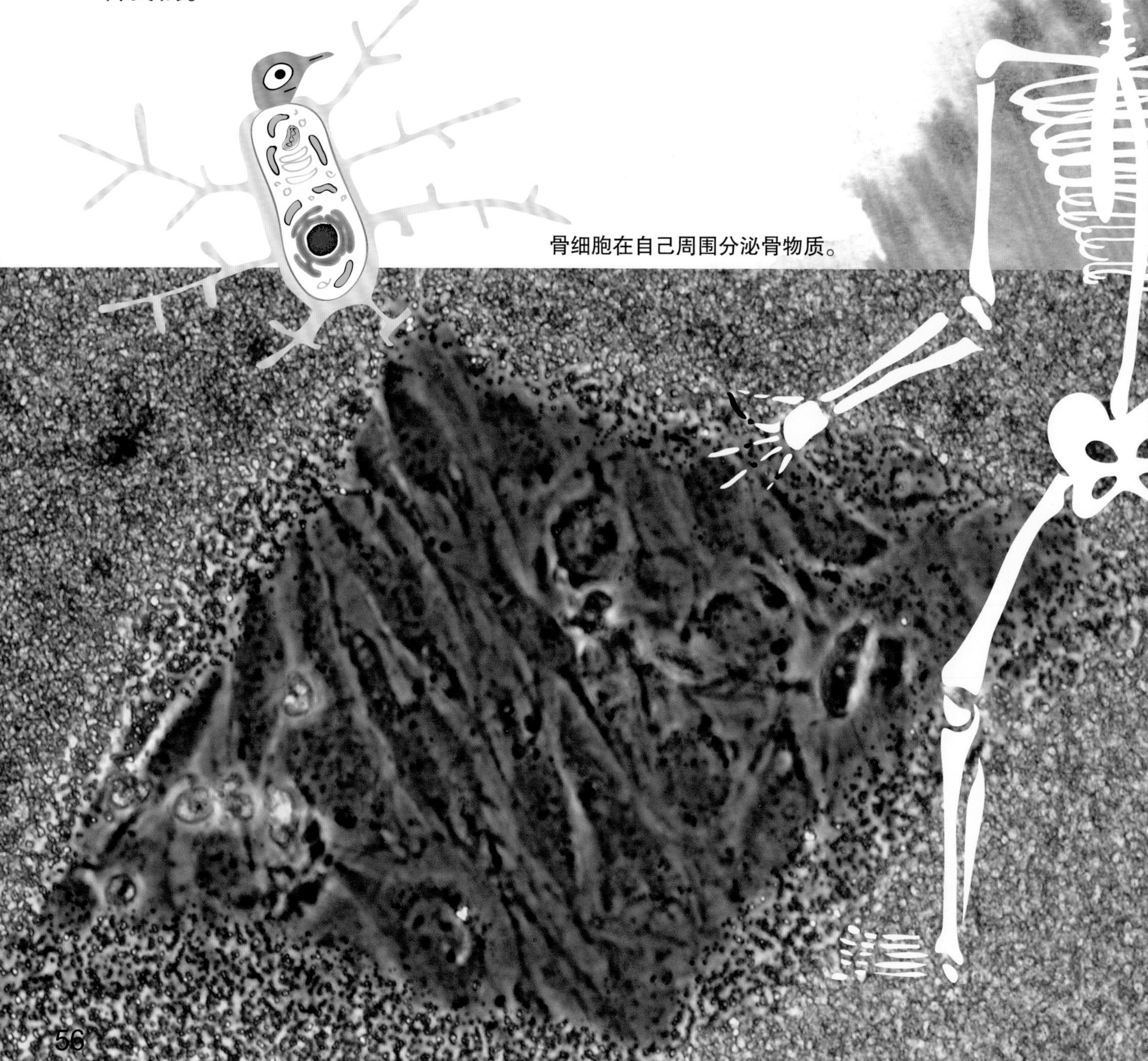

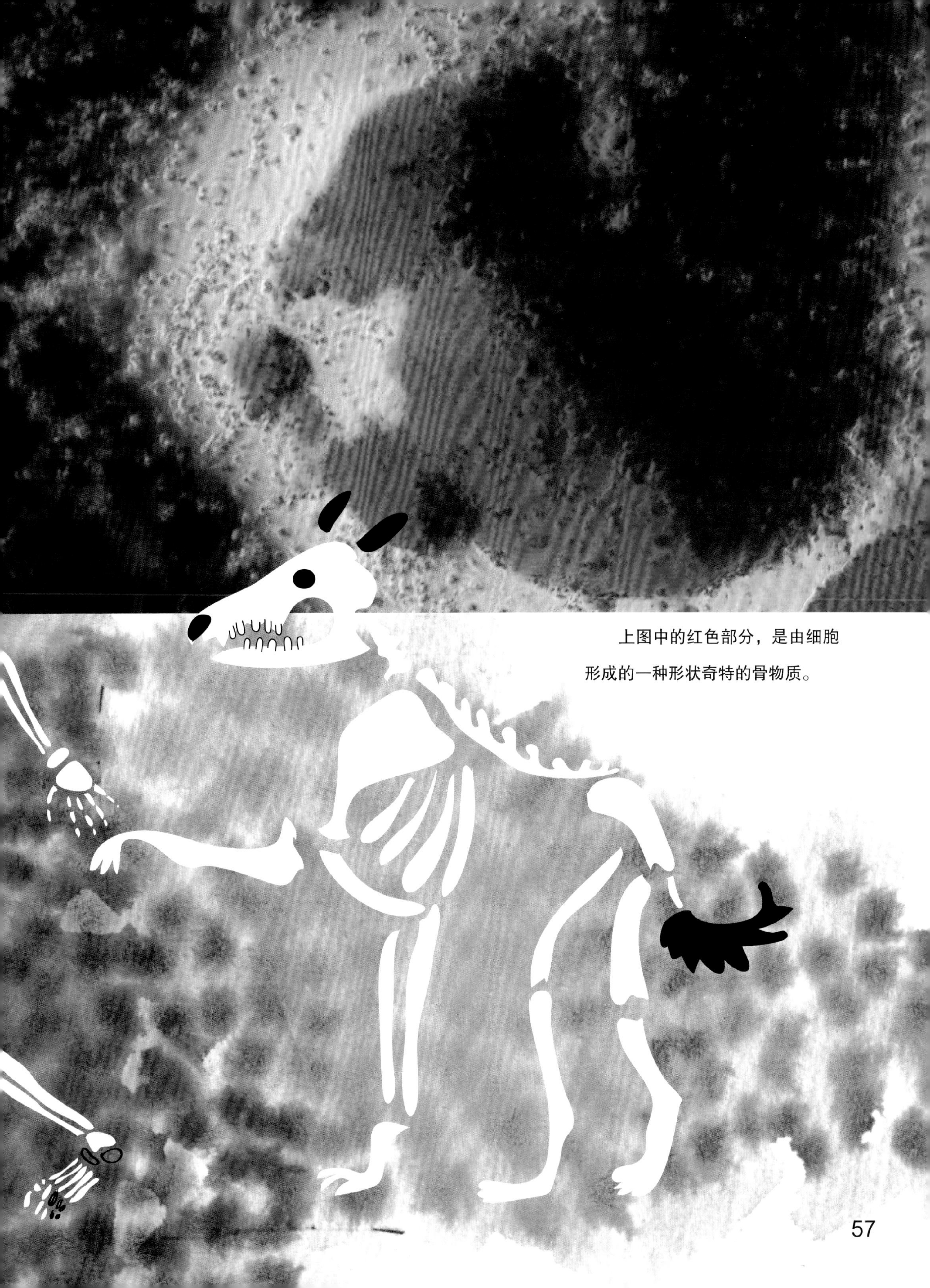

上图中的红色部分，是由细胞形成的一种形状奇特的骨物质。

肌肉细胞以特殊的方式组合。它们十几个为一组，按组聚集，形成肌肉。

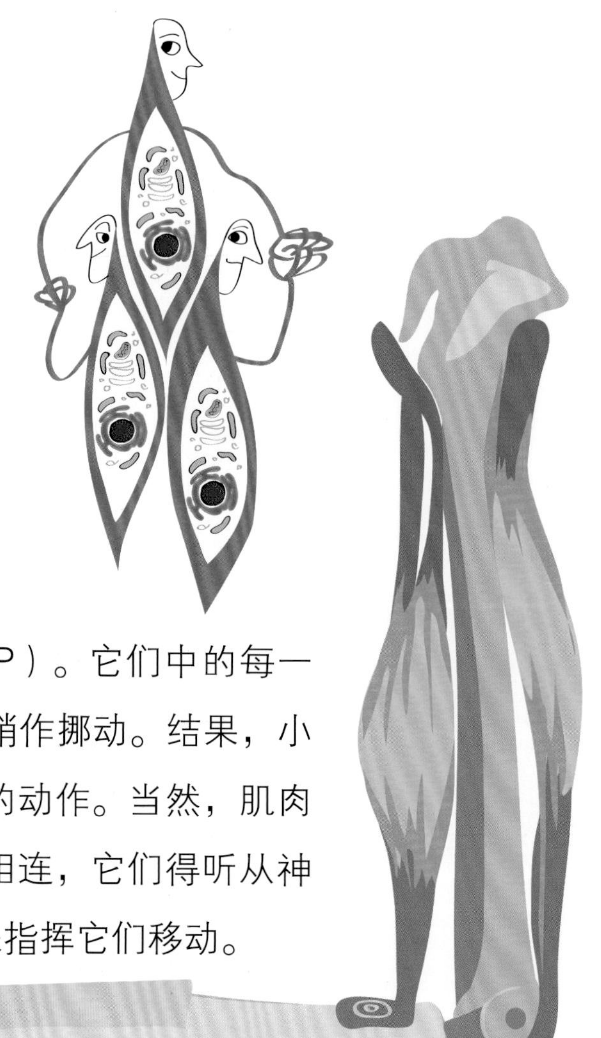

细胞排成一排，连合在一起，形成一根细长的“香肠”。肌肉就是由许多根这样的“香肠”构成的。它的两端固定在不同的骨头上，能够收缩（长度缩短）。肌肉收缩带动了骨头转向，我们的各种运动形式借此得以实现。沿着“香肠”的整个长度，微型机器人一个接一个地站着，正在消耗着三磷酸腺苷（ATP）。它们中的每一个都会做一个微小的动作——相互之间稍作挪动。结果，小小的挪动相叠加，就出现了一个相当大的动作。当然，肌肉并不会自行移动，神经元的分支与它们相连，它们得听从神经元分支的指挥，即与肌肉相连的导线来指挥它们移动。

在竞技比赛中，拥有不同肌肉类型的运动员会参加不同的运动项目。肌肉生长是训练的结果，如果训练方式不正确，就有可能长出错误的肌肉，这会导致肌肉撕裂甚至骨折。

此图为肌肉正在形成的示意图。在图中，我们可以看到构成肌肉的细胞的圆形细胞核。还可以看到横纹——正是这些“小机器”使肌肉收缩。

我们身体里的一切都必须相互配合。

在体育训练中，骨骼和肌肉同时经受锻炼，尽管这不是很明显。这也正是举重运动员的骨骼比跑步运动员的骨骼更粗壮的原因。

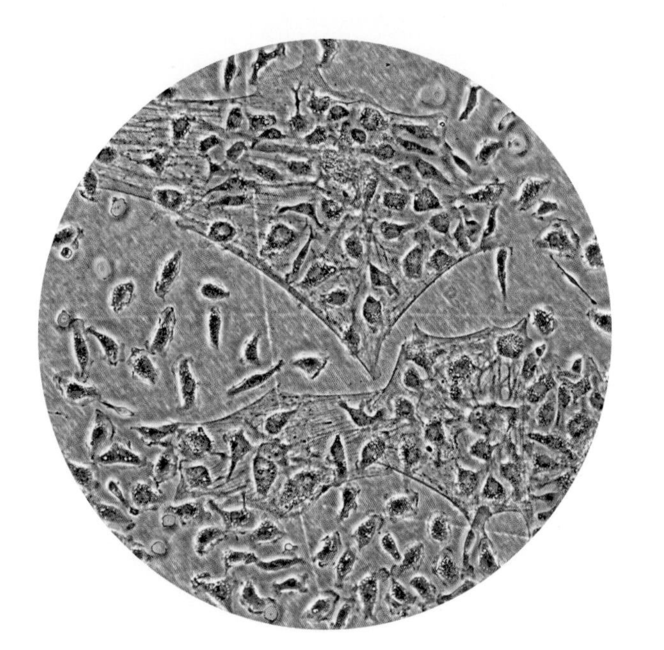

显微镜下骨骼正在形成。

我们的骨骼在我们施加的负荷下，不断地分解和重建。

这件事是这样发生的：几十个细胞聚集在一起，形成一个大细胞，它开始像一台挖掘机一样，深入骨骼。

这个大细胞会分泌一种使骨骼软化的酸，之后，它会吃光已经失去防御能力的蛋白质，并逐渐落入正在形成的通道中。跟随在破坏者之后，建设者进入这条隧道，着手加固隧道壁。它们从内部包裹隧道壁，形成一根骨管，下一组建设者重复这个动作。结果，大隧道变成了一个小孔洞，这是为给骨细胞提供供给而遗留下来的。如果把骨骼横着锯开，可以看到许多圆圈，类似于树干上的年轮。这些圆圈留在了以前隧道所在的地方。在我们的身体里，有超过一百万个这样的团队在同时工作。大约需要十年的时间，所有的骨骼都会得到更新。

在第一次失重状态下的长时间飞行中，宇航员并没有做专门的体育锻炼。飞行 17 天着陆后，他们无法完成独自站立的动作，因为没有足够的力量——他们的骨骼变细了，身体长高了，而这仅仅发生在 17 天内！在失重状态下，骨骼和肌肉所承受的负荷非常小。而现在，宇航员在飞行中必须每天进行体育锻炼，以免骨骼和肌肉的力量变弱。

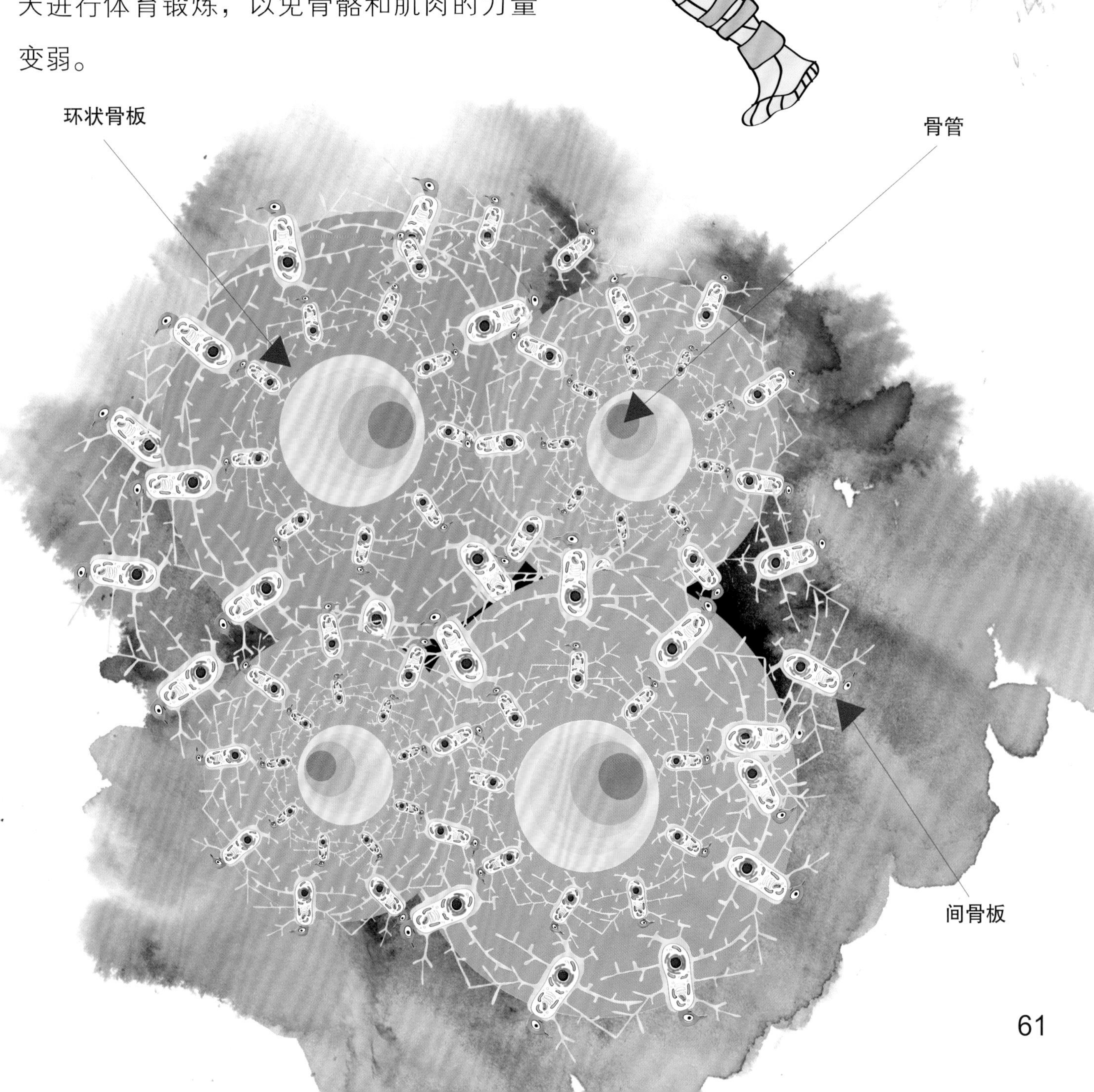

一生都在战斗

咚！
坚持住！

自己人与外来者

任何生物体都应有自卫的能力，否则就会被吃掉。

兔子遇到危险会用爪子抓挠，小狗则用锋利的牙齿当武器，但是有许多非常小的敌人——微生物，牙齿和爪子对它们都无能为力。体积小的微生物可以钻进我们的身体里，并定居下来。而且，它们有时会疯狂繁殖，从而导致一个大型生物体死亡。

机体防御的主要任务是识别外来者。生物体有一个特殊的防御系统——免疫系统。

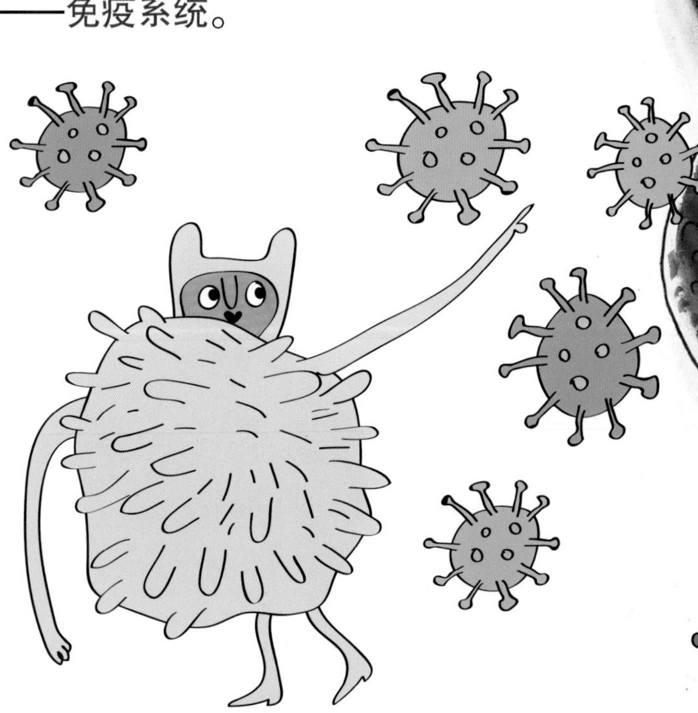

构成免疫系统的细胞主要是淋巴细胞。淋巴细胞属于白细胞，它们能够快速地识别外来者。

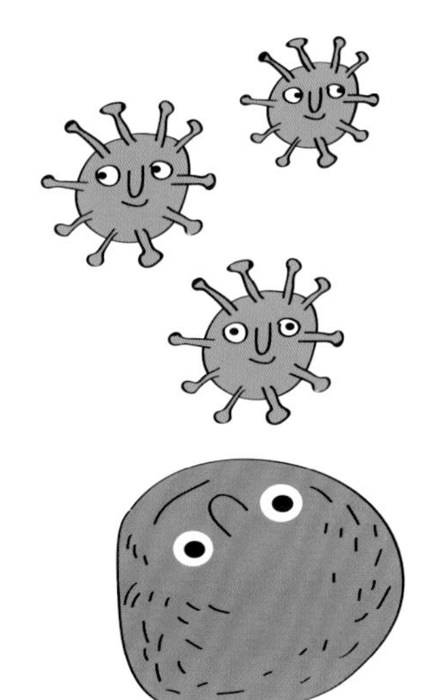

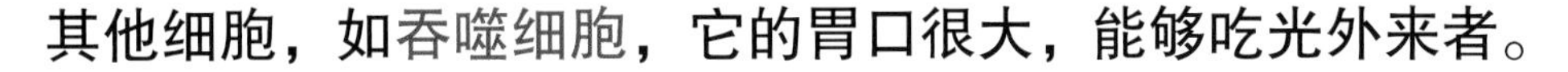

其他细胞，如吞噬细胞，它的胃口很大，能够吃光外来者。

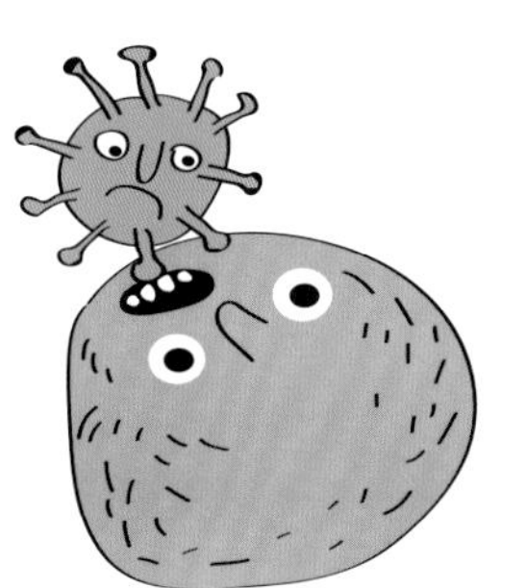

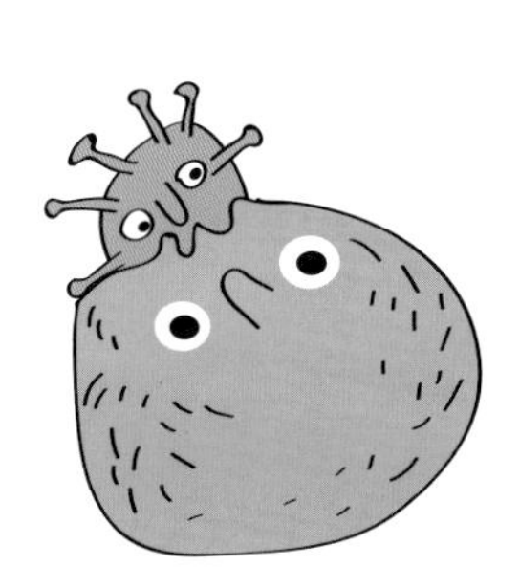

吞噬细胞

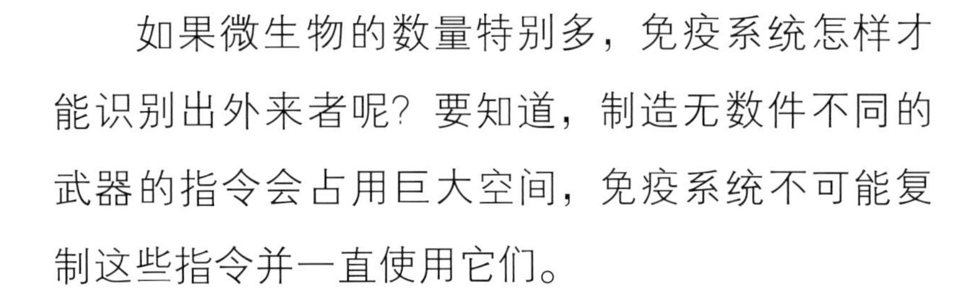

如果微生物的数量特别多，免疫系统怎样才能识别出外来者呢？要知道，制造无数件不同的武器的指令会占用巨大空间，免疫系统不可能复制这些指令并一直使用它们。

因此，免疫系统的细胞一生都在学习作战，它们肩负着随时与外来者战斗的使命。

当两个分子像积木的零件那样彼此适配的时候，如果把它们拼在一起，它们会更强烈地相互吸引，就像被粘在一起似的。DNA 中的分子识别的依据就在于此。这也是免疫系统识别外来细胞的工作方式。免疫系统的细胞制造分子探针，并用这些探针不断地检查所有细胞，无一例外。探针一旦黏附在某个细胞上，免疫系统中的细胞便会立刻警觉起来，并试图咬住或吃掉这个细胞。

黏附在完全未知的外来者细胞上的探针是从哪里来的？

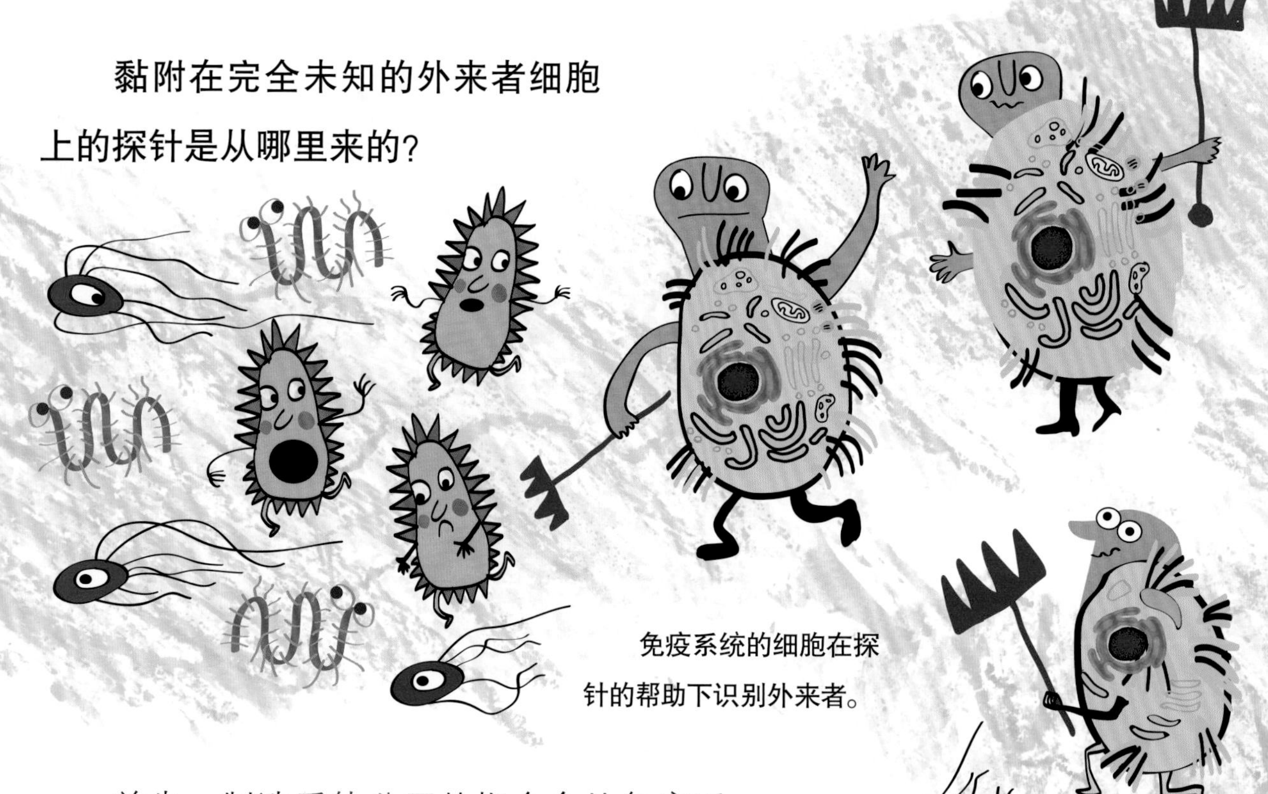

免疫系统的细胞在探针的帮助下识别外来者。

首先，制造受体分子的指令会从免疫系统的细胞核中发出。

这些受体能够辨认出相当一部分不应存在于生物体细胞中的微生物。例如，许多微生物都有一个保护壳，不同的微生物是相似的。通常情况下，微生物通过像螺旋桨一样旋转的鞭毛（特殊微绒毛）移动。许多生物体细胞都有对这些鞭毛敏感的受体。

年轻的免疫细胞给自己做了一个探针。

最有趣的是“获得性”免疫系统。这个系统的细胞对世界上的一切都产生受体，似乎是为了以防万一。当从制造这些受体的指令中进行内容抄录时，细胞会随机编辑指令，有时跳过一两页，有时突然直接翻到第 100 页。偶尔，它也会添加个别随机字母。受体通常由不同的部分组成。细胞对于每个部分都有许多变体，并且会根据情况将它们组合起来，结果就可能会产生数百万种不同的受体。

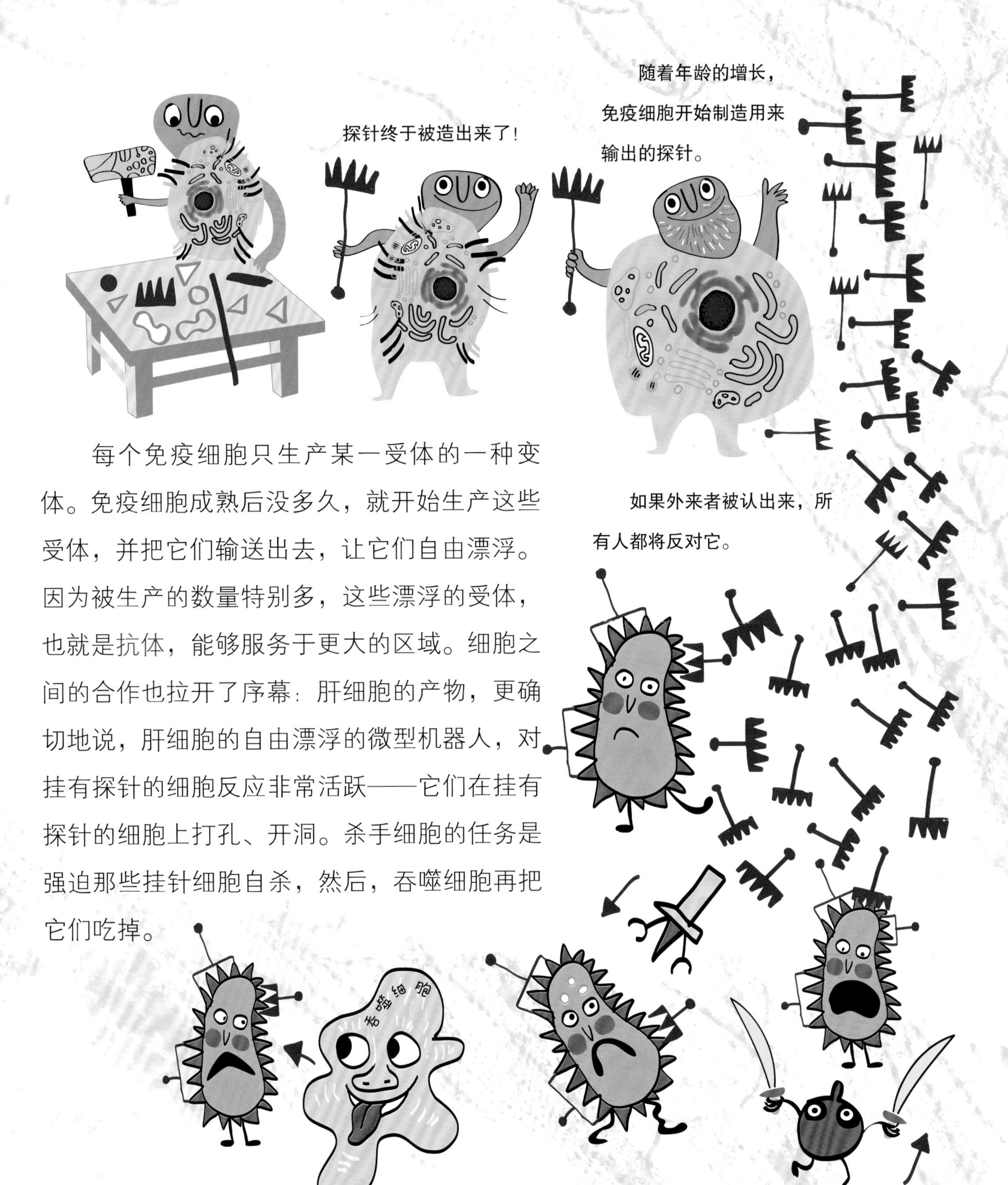

每个免疫细胞只生产某一受体的一种变体。免疫细胞成熟后没多久，就开始生产这些受体，并把它们输送出去，让它们自由漂浮。因为被生产的数量特别多，这些漂浮的受体，也就是抗体，能够服务于更大的区域。细胞之间的合作也拉开了序幕：肝细胞的产物，更确切地说，肝细胞的自由漂浮的微型机器人，对挂有探针的细胞反应非常活跃——它们在挂有探针的细胞上打孔、开洞。杀手细胞的任务是强迫那些挂针细胞自杀，然后，吞噬细胞再把它们吃掉。

如果这个随机受体开始识别生物体自身细胞，将发生什么？那时候免疫系统便会开始与生物体作斗争，事情会很仓促地结束。

这会导致自身免疫性疾病的出现——机体在免疫系统的帮助下自我破坏。为了防止这种情况发生，机体内有一个通行检查站，用来检查年轻的免疫细胞。在这里，要查明新细胞是否在攻击“自己人”。如果确有这种情况发生，新免疫细胞就会被无情地摧毁。于是，就会出现这样的局面：20 个新免疫细胞被摧毁了 19 个，只剩下 1 个。

一个年轻的免疫细胞攻击了同类，它就会被命令杀死自己。

通行检查站

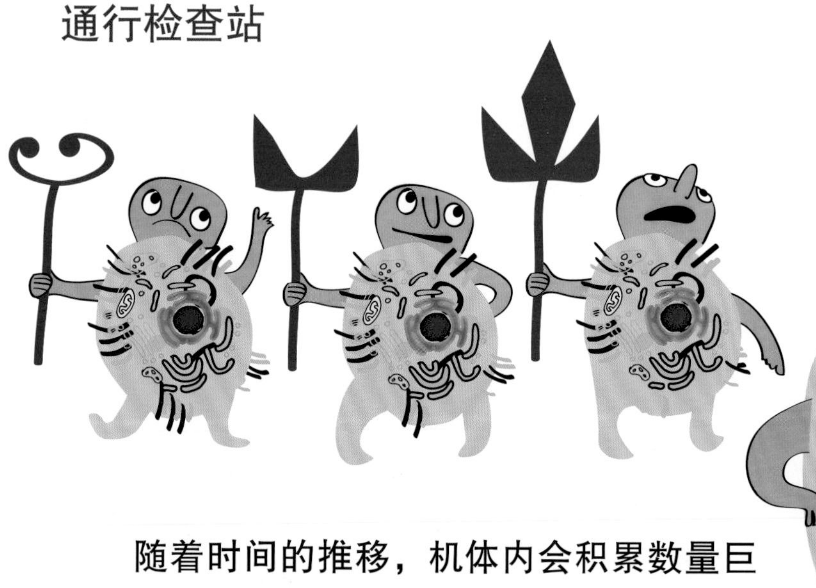

随着时间的推移，机体内会积累数量巨大的、各种各样的带有受体的细胞，这些受体无法识别自身原有的细胞，但会对其他外来者做出反应，而这个功能恰好是机体所需要的。我们出生时，体内不会立刻出现大量不同的受体，所以新生儿更容易生病。

在我们的身体里有一个能识别外来者的细胞，这可太好了。但如果有很多相同的外来者呢？一个细胞就能保护生物体吗？当然不能。所以，在识别出外来者后，细胞会收到繁殖同类的信号。外来者越多，就会有越多的繁殖细胞出来对抗它们。但繁殖需要时间，在此期间，微生物也可能大量繁殖。比赛开始了，看谁能更快地繁殖，这时候人类会生病。如果康复者再次遇到相同的微生物，那么他就有了免疫力：要么根本不会生病，要么症状轻微。

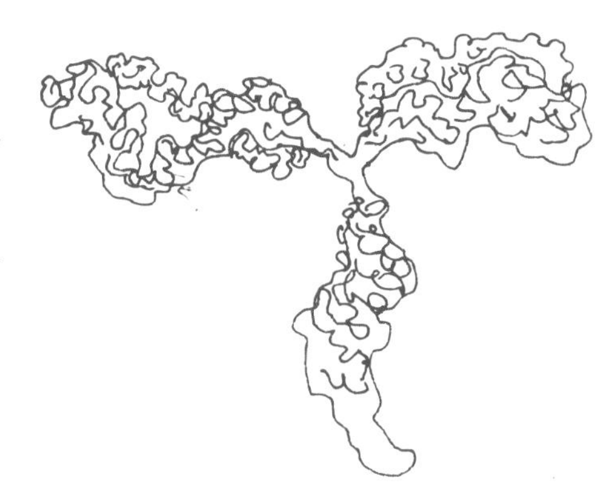

抗体——免疫球蛋白

在与微生物斗争的过程中，增殖的免疫细胞会留存下来作为储备，并且保留着我们所患过的所有疾病的记忆。

人类已经学会训练免疫细胞，以便能够抵御危险的微生物。让我们想象一下，把一个危险的微生物撕成一百块碎片，微生物将因此而死亡。如果收集这些碎片并人为地将它们注入体内，我们就不会生病，但免疫细胞会识别这种微生物，继而繁殖并建立防护来抵御它。这就是我们接种疫苗的原理。我们的身体会受到保护，还能免受同一种微生物的侵害。

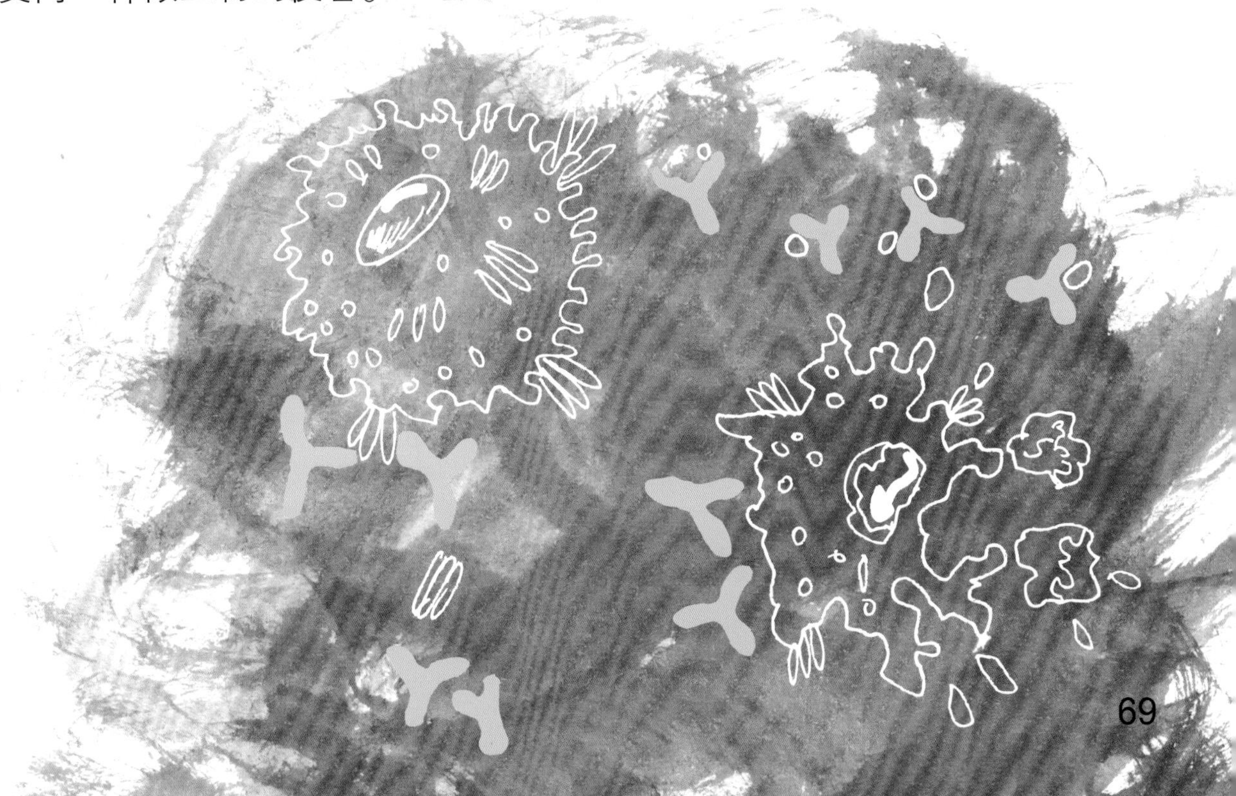

当某人或某事导致机体细胞死亡时，警报信号总是被同时接通，免疫系统的各种细胞跑到一起并在邻近地区发起动员，以防止细胞的进一步死亡。因此，如果生物体本身决定摆脱某种细胞，它必须切断警报信号，不去打扰其他细胞。

为了达到这些目的，生物体进化研究出了可控的细胞死亡，科学上称为细胞凋亡。

一些免疫细胞可以对坏掉的细胞判处死刑。坏掉的细胞会在自身内部触发自毁程序，从内部消化自身所有的零件。它们皱缩起来并发出信号："找到我！吃掉我！"一群专门负责吞噬的细胞就会找到这些坏掉的细胞并将其吃掉。

找到我……
吃掉我！

抗生素

最基础的营养获取方式之一，是细胞直接分解吸收其他细胞。许多细菌的生存完全依赖于这种模式。

不想被吃掉的细胞想出了自我保护的措施。就这样，自然界发明了抗生素。抗生素的发现改变了人们的生活，如今，科学家对抗生素不断改进，使人们不再过早死于某些疾病。

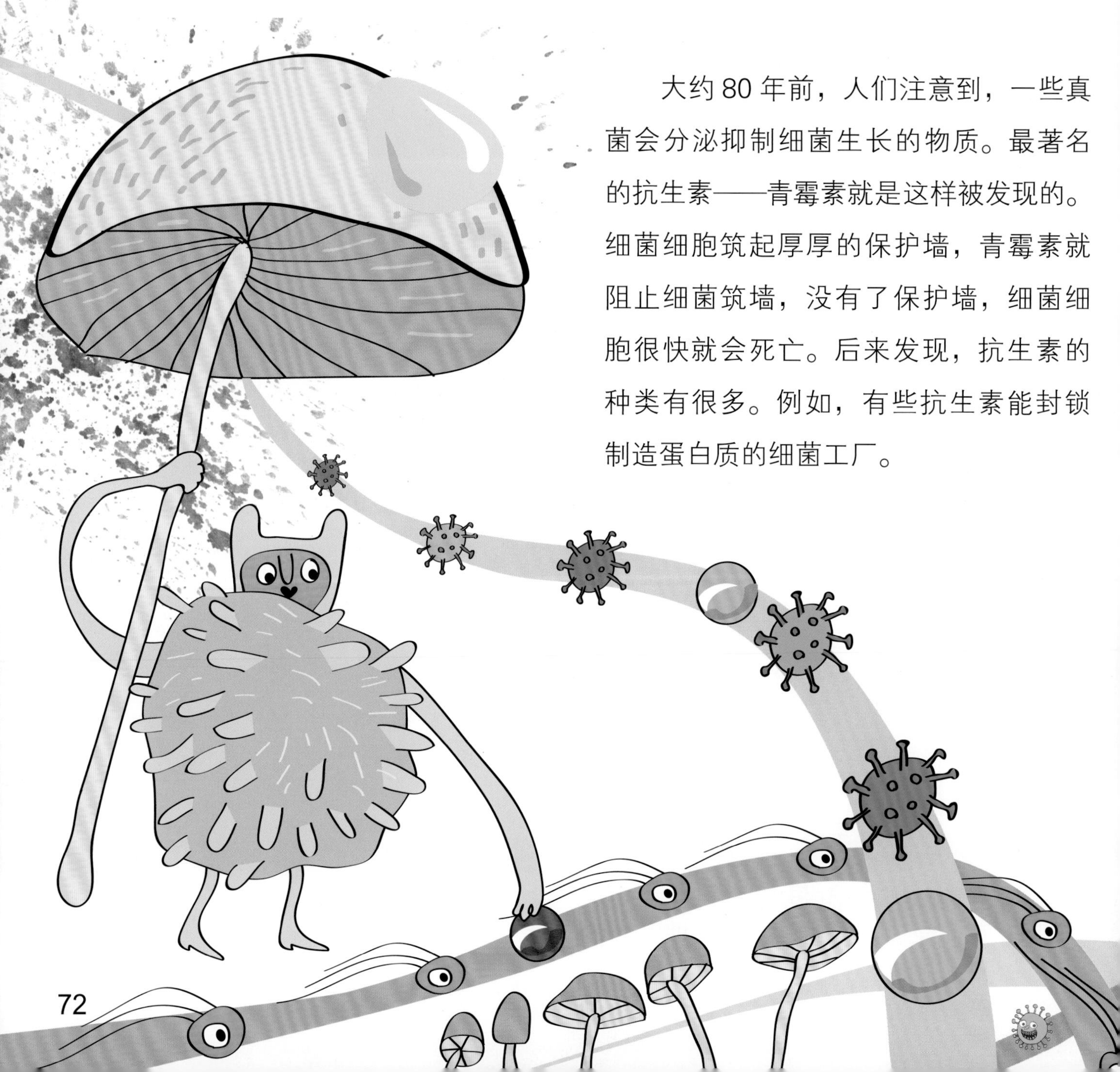

大约 80 年前，人们注意到，一些真菌会分泌抑制细菌生长的物质。最著名的抗生素——青霉素就是这样被发现的。细菌细胞筑起厚厚的保护墙，青霉素就阻止细菌筑墙，没有了保护墙，细菌细胞很快就会死亡。后来发现，抗生素的种类有很多。例如，有些抗生素能封锁制造蛋白质的细菌工厂。

冲压蛋白质的时候，需要特定形状的坯料，以便将一个零件与另一个零件连接。如果将不合规格的坯料加入锻压机，那么整个过程就会停止。

人们已经学会制作某些不合规格的坯件（抗生素）。服用了它，细菌的繁殖过程就会停止。

为什么这些不合规格的坯料不能中断细胞自身的繁殖呢？因为制造抗生素的细胞有其他“工厂”、“机器”和“锻压机”，这些不合规格的坯料对它们来说不适合。

然而，一切都不是那么简单。当医生为患者开抗生素时，会叮嘱对方服用的剂量。抗生素不能常年服用，不仅仅是因为有益细菌生活在我们体内，还因为机体内每一个细胞中都存在线粒体，它们一直保持着自身的生产能力。过量的抗生素会毁掉线粒体，进而夺取我们的生命。

请严格遵守医嘱，不要服用不必要的药物！

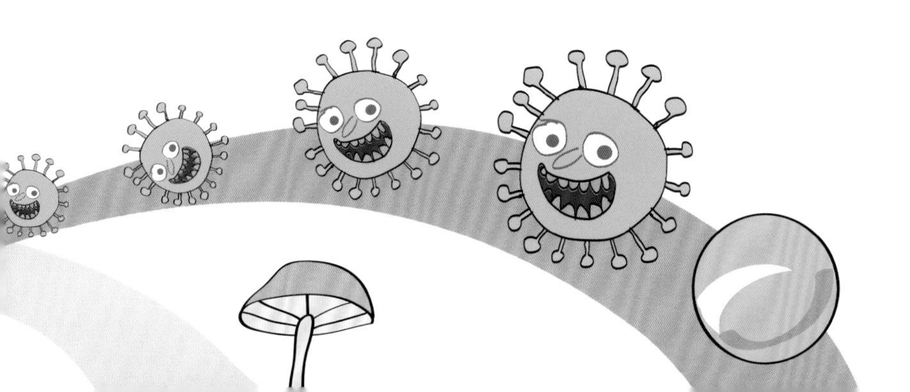

像强盗一样的病毒

细胞的生命形式是非常多样的……有一天，科学家发现，不仅是细胞，甚至连微生物都有寄生虫。

这些更微小的东西，即使用功能最强大的显微镜都很难将其看清楚。它们居然能在细胞中繁殖，并在细胞中进出自如，破坏细胞并导致疾病。我们称这些微生物为病毒。如果病毒寄生在细菌中，那么它就被称为噬菌体，即食菌者。

噬菌体的“腿”帮助它们附着在细菌上。

病毒里有什么？

首先是各种指令，接着是一套用来爬进细胞的“钩子”，一个用于复制指令的轻便设备和一层薄膜。病毒没有任何工厂、能源生产系统和垃圾清扫系统。一旦进入细胞，这些“坏蛋”就会利用细胞中任何可以利用的现成的东西。细胞工厂开始按照病毒的指令工作，制造它的所有部件。最终，细胞的所有设施都陷入废置状态，细胞被病毒颗粒挤满并胀裂，这时病毒被释放并试图爬进邻近的细胞中，再次重复刚才的动作。

病毒正在攻击细胞，它们先用“钩子”钩住细胞，接着进入细胞内部。

为什么到目前为止，病毒还没有杀死所有细胞？

首先，要是杀死所有细胞，病毒就不能继续生存。其次，细胞具有特殊的抗病毒能力，病毒可能被识别为外来者并被以常规方式清除。问题往往在于时间，带有受体的免疫系统必须在病毒毁灭所有细胞之前完成工作。

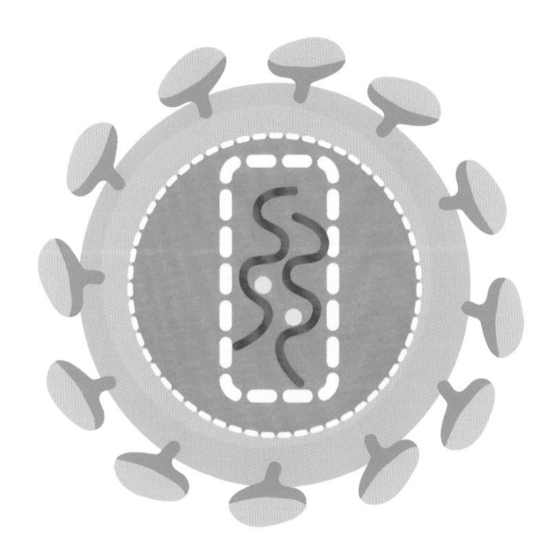

引起艾滋病的病毒

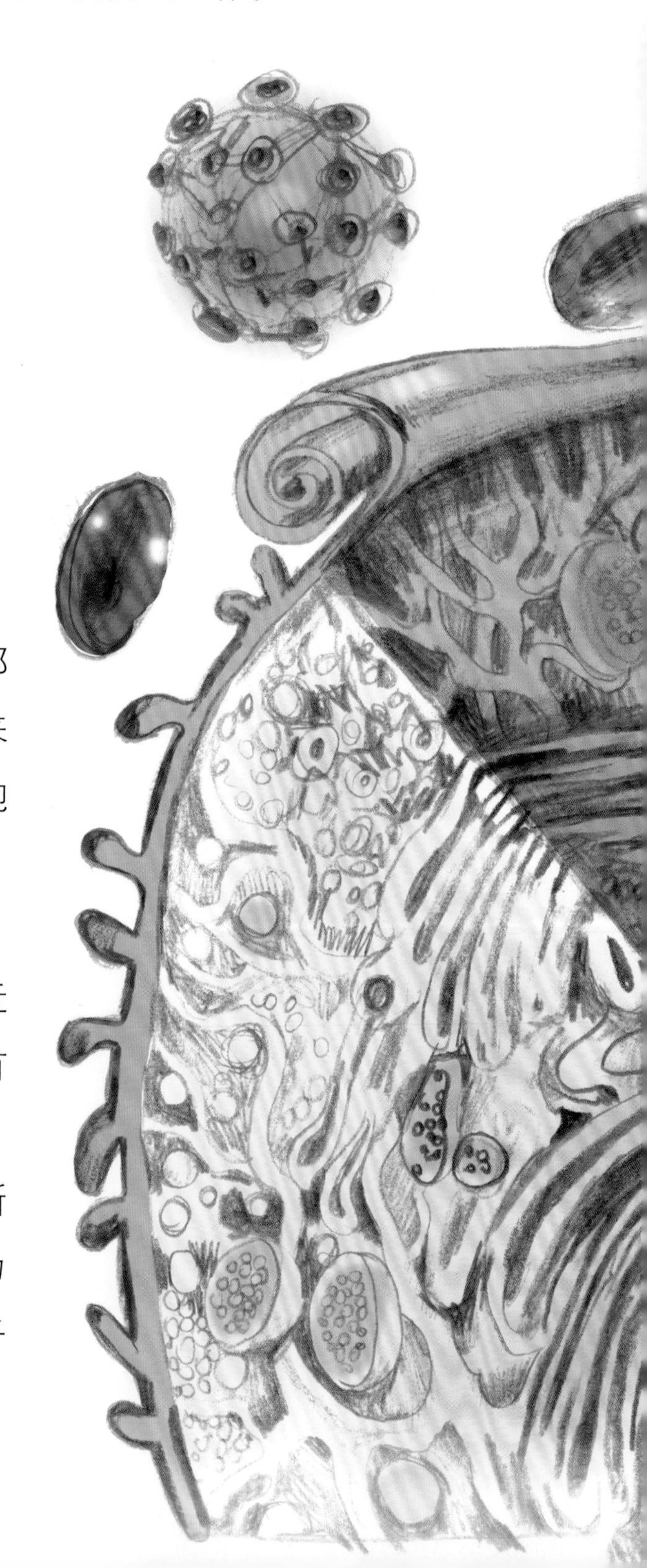

病毒和细胞之间的区别非常大，所有部件都不同。病毒常常是被珠链指令暴露出来的。珠链指令比较特殊，以至于被许多细胞识别为外来者。此后，微型机器人被激活，它们会把外来者的 DNA 珠链切断。同时，细胞会发出求救信号和病毒警报信号。邻近的细胞收到信号，即刻停止内部工厂的所有工作，因为这些工厂可能已经在制造病毒。从细胞内部到达其表面的一部分病毒也被断定是外来者，这意味着整个细胞都被认定为外来者。免疫系统开始从这个外来者的例子中学习经验。

免疫系统的警察细胞命令携带病毒的细胞“自杀”。机体正是以如此严厉的方式与病毒斗争。

有些病毒有特殊的包膜结构，包膜可以容纳的指令远超病毒本身需要的指令。这些病毒会盗窃细胞指令，以便更容易地控制细胞。

查找到

麻疹病毒

狂犬病病毒

流感病毒

其他病毒有能力将它们的指令注入细胞信息库并成为细胞的一部分。这一类病毒期望在细胞内长时间生存，因此，摧毁细胞对于病毒来说并没有好处。科学家认为，人类细胞的信息库的很大一部分，是由这些已经定居了数十亿年的病毒指令组成的。

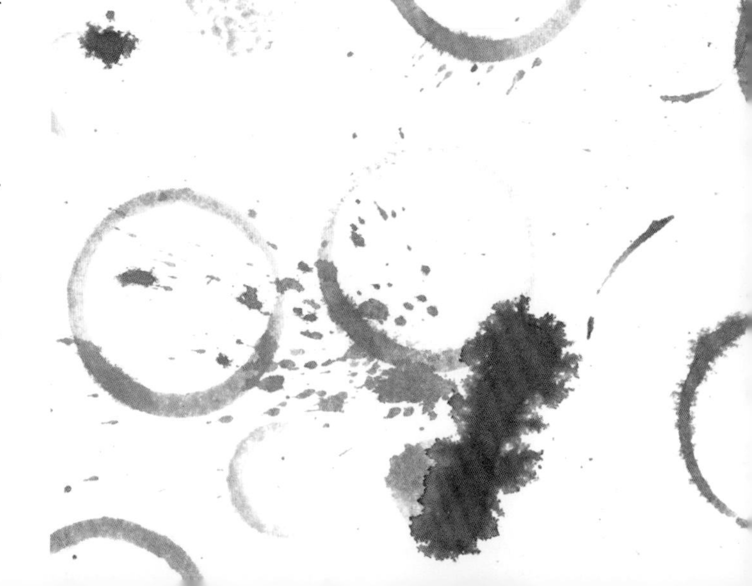

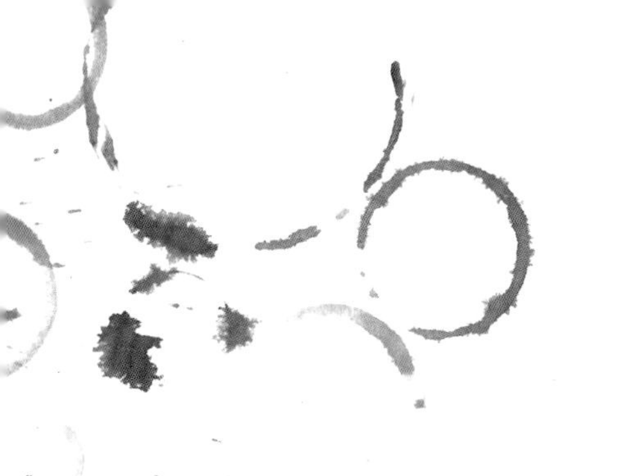

病毒的弱点之一是体积小，这使它们无法拥有一个好的微型机器人来复制自己的指令。

不同的病毒能够进入不同的细胞。每一种病毒都有一套“钩子”。比如，肝炎病毒能够侵入肝细胞；引发艾滋病的病毒，能够侵入免疫系统自身的细胞，并在其中繁殖，逐渐破坏免疫系统的功能。

乙型肝炎病毒　　　　埃博拉病毒　　　　轮状病毒

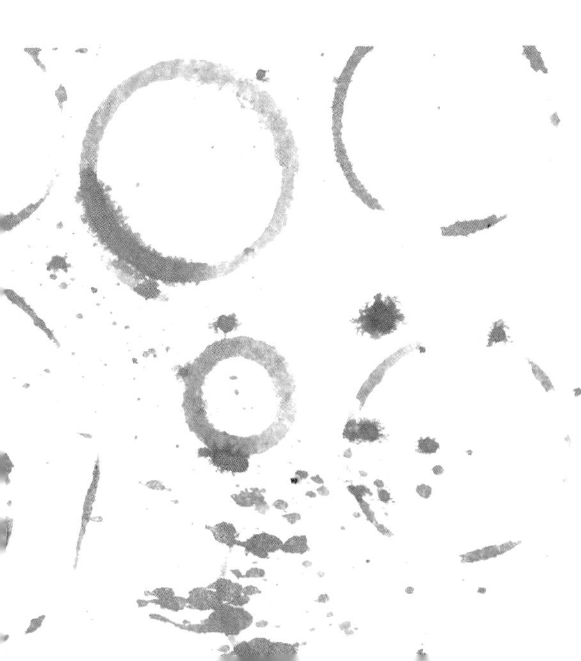

人类已经研发出了许多抗病毒药物，这些药物把不适用的消耗材料悄悄地塞给病毒机器人，用来欺骗它。这样做的目的是，形成不正确的指令副本，或者阻止其形成指令副本，从而抑制病毒的产生。

显微镜下的宇宙

在这本书中，我们只讲述了几种主要的蛋白质“机器”（或称微型机器人）的工作，他们通常负责抄写 DNA，忙于在复杂的细胞世界中充当管家、装卸工和警察。

半个世纪前，科学家们还不知道蛋白质的结构以及它们是如何运作的。而俄罗斯生物物理学家尤里·胡尔金、德米特里·切尔纳夫斯基和谢尔盖·什诺利推测，蛋白质的结构就像小型机器一样。

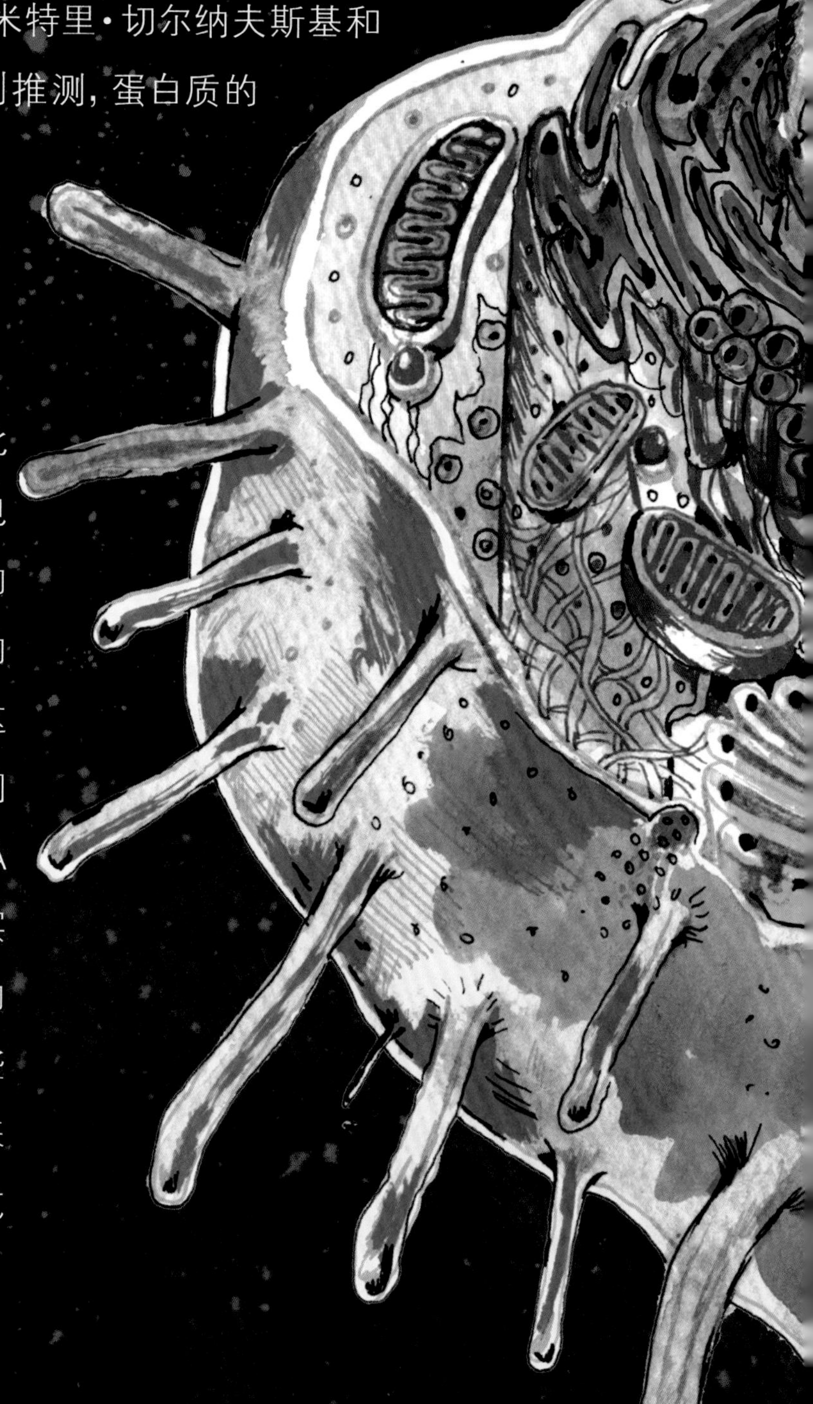

当时，这个想法看似荒诞不经，如今却已得到广泛认同。我们在此未详述诸多内容，比如涡轮机、发电机，以及保障细胞运动与生命活动的各种奇妙机制。不过，充满求知欲的读者可以从分子生物学书籍中了解这些。从这类书籍中，读者能知道我们所说的“抄写员”，科学术语是 DNA 聚合酶和 RNA 聚合酶；“调度员”实际上是基因表达因子和 RNA 诱导的基因沉默复合体。但我们不想用这些术语折磨读者，而是用有趣的角色来代替。科学家们对蛋白质的描绘方式有所不同，但同样精彩！

比如滑动钳蛋白是 DNA 聚合酶机器的一部分，书中，DNA 聚合酶以抄写员的形象呈现。滑动钳蛋白就像是抄写员的手指，抄写员用手指穿过 DNA 双螺旋上的小珠子，并依次触摸小珠子，就像是在拨念珠。

希望你能喜欢这本书！科学始终在不断前行，书中所写内容很快就能用新的发现来补充。或许有一天，你也会成为科学家，继续探索生命的奥秘。

趣味科普词汇

病毒

一种寄生的、非细胞的生命形式。没有细胞，病毒就无法存在。

变形虫（阿米巴原虫）

一种显微镜下可见的单细胞生物（一种大型的自由生活的细胞）。其特点是具有非常自由的身体形态，仿佛在流动一样。就指令数量（即 DNA 含量）而言，它可能比人类细胞高出 100 倍。

纤毛虫

一种原生生物。由一个单一但非常大且复杂的细胞组成。

细胞核

细胞的数据库，储存信息的地方。它通过带有特殊通道的双层膜与细胞质分隔开。

细胞质

如果穿透细胞的外膜，就会直接进入细胞质。

线粒体

一种能产生能量的细胞内细胞器。线粒体进行的是非常危险的“生产活动”（指细胞呼吸等过程），所以它经常会出现故障，并且很有可能会严重影响细胞的正常状态。在进化过程中的某个时期，线粒体曾是一种自由生活的微生物。后来它寄居于一个较大的细胞内，并将自身的控制权交给了细胞核，但却没有完全交出：因为已经来不及了。（遗传）密码发生了变化，所以没能建立起垂直的权力关系（指线粒体保留了部分自主的遗传信息）。由于线粒体具有一定的自主性，科学家们能够通过追踪线粒体内部 DNA 的变化来追溯人类的谱系乃至整个人类的进化历程。

蛋白酶体

一种能够降解被标记（不局限于被黑色标记）的蛋白质的“机器”。

中心粒

细胞内骨架组织的要素，它决定着不同过程的方向。

转录

将信息从 DNA 上抄录（重新编码）到另一种类似的载体（核糖核酸，即 RNA）上的过程。RNA 可用于核糖体工厂中（进行蛋白质合成），且它会很快被分解代谢掉。

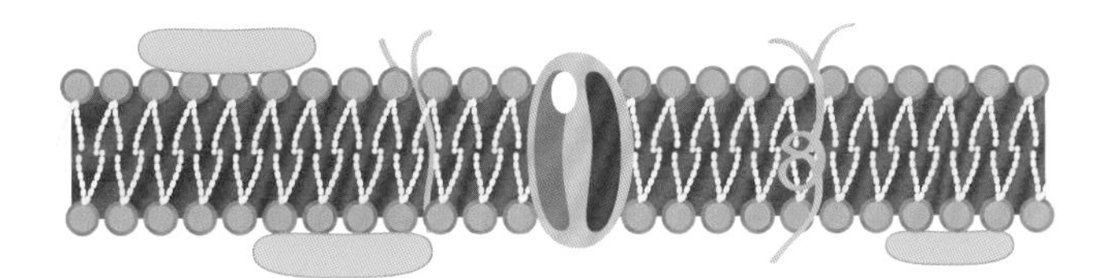

膜

一种将细胞与外界环境分隔开来的结构，同时也把所有的细胞内细胞器和小泡（囊泡）与细胞质分隔开。它的构造大致就像一个加固的肥皂泡，不会破裂。

染色体

由DNA珠串和其他成分组成的一种结构。它负责信息的存储、运输和使用。

移接

一种对DNA进行编辑的过程。通过这一过程，无用的信息被去除，最后仅留下用于在核糖体工厂中制造特定零件（蛋白质）的具体修饰信息。

核糖体

制造蛋白质的“机器”。

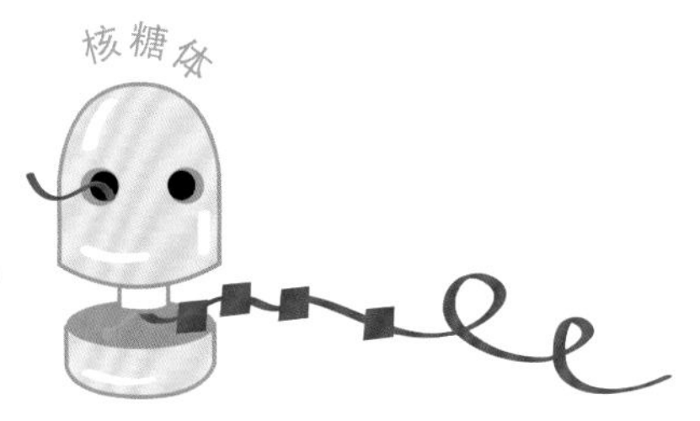

脱氧核糖核酸(DNA)

一种分子，可以把它想象成含有细胞生命指令的珠串。

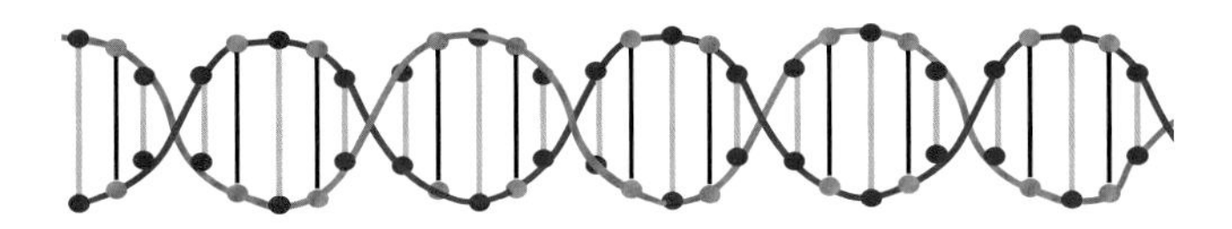

三磷酸腺苷(ATP)

细胞内所有生化过程的通用的能量来源。它也是制造DNA（珠子A）的半成品。如果发现它被遗弃在细胞间隙中，它也是一种故障信号。

磷酸腺苷

DNA分子的一个组成部分（珠子之一）。

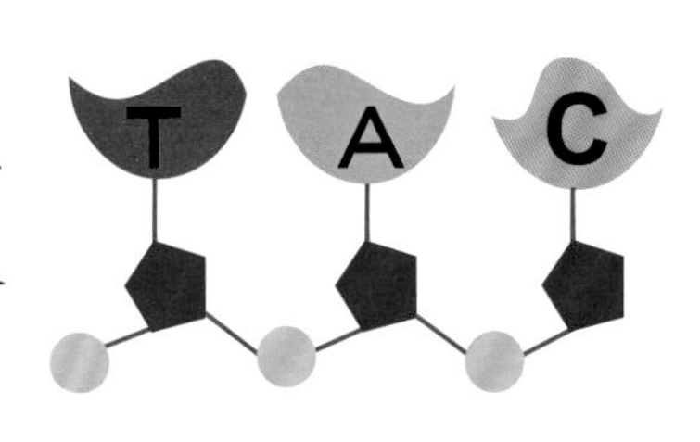

腺嘌呤将珠子成对结合在一起，磷酸盐形成了串联它们的细绳。

腺苷

DNA分子的一个组成部分；从化学观点上看，是一种由腺嘌呤与核糖联合组成的核苷。

腺嘌呤

腺苷的一个组成部分，保障DNA珠子之间的连接。

微管

细胞内部骨架的组成部分。

黑色标记

即附着在某些蛋白质上的泛素分子。它们能被蛋白酶体识别，随后该蛋白质就会被降解。泛素连接酶系统的数千个参与者都在忙于给蛋白质加上这种“黑色标记”。

自噬体

一种包裹在双层膜结构中的“垃圾包”，被运输到溶酶体进行处理。

胞吞（内吞）

细胞摄取物质的过程。在此过程中，细胞膜会包裹住某些物质，形成一个囊泡，然后进入细胞内部。

免疫系统

它是一个极其复杂的系统，其主要功能是识别和清除外来病原体、肿瘤细胞以及自身衰老或受损的细胞，从而保护机体免受异物侵害，维持内环境的稳定。

突变

DNA珠串顺序（碱基序列）的改变。

有丝分裂

细胞分裂的方式之一。

端粒酶

一种能够延长染色体DNA的酶“机器”。一般认为，端粒酶能够赋予细胞永生的能力。

红细胞

充满血红蛋白的血细胞。血红蛋白是一种用于运输氧气和某些其他物质的蛋白质。

神经元

即神经细胞，有细胞体和突起。神经元是神经系统的结构和功能的基本单位，是一种高度分化的细胞。

淋巴细胞

免疫系统中主要的工作细胞。

受体

特异识别生物活性分子并与之结合，介导细胞信号转导功能触发生物学效应的特殊蛋白质，存在于细胞表面或细胞内。

鞭毛

某些细菌的发动机，像螺旋桨一样发挥作用。它们具有分子轴承。不同的细菌有非常相似的鞭毛，因此人体细胞有一个为它们做好准备的探针——先天免疫的受体。

抗体

是淋巴细胞（免疫系统的细胞）制造的探针。抗体能够识别外来者并附着在其身上。年轻的淋巴细胞被挂满了探针，起初是漂浮状态，然后开始将探针释放到周围的环境中。抗体是我们体液免疫的重要组成部分。吞噬细胞（专业的吞噬者）喜欢吞噬附着有抗体的细菌。肝脏细胞制造出来的“打孔机”（补体系统）能够识别出外来者的抗体。“打孔机”会在最近的细胞膜上打孔，发出警报并召唤其他细胞来帮忙。

细胞凋亡

细胞的程序性死亡。自然选择将细胞凋亡作为构建我们身体的一种工具。我们按照相当复杂的计划生长，这个计划在一定程度上重复了整个进化过程，我们最初与许多远亲相似。所以在生长过程中会产生多余的部分，需要被清除，细胞凋亡就是为了使这个过程顺利进行而形成的。在细胞凋亡过程中，会启动一个将细胞完全分解的程序，包括向免疫系统发出识别信号（“找到我”、“吃掉我”）。后来，细胞凋亡也用于控制细胞的稳定性：被病毒感染的细胞会变成异物，会被指令自我毁灭。在制造探针（抗体）时，98% 的淋巴细胞无法在集体中发挥作用，它们也会被指令自我毁灭。

抗生素

抑制活细胞生长的物质，通常是细菌或原生动物。

噬菌体

一种依靠细菌生存的病毒。

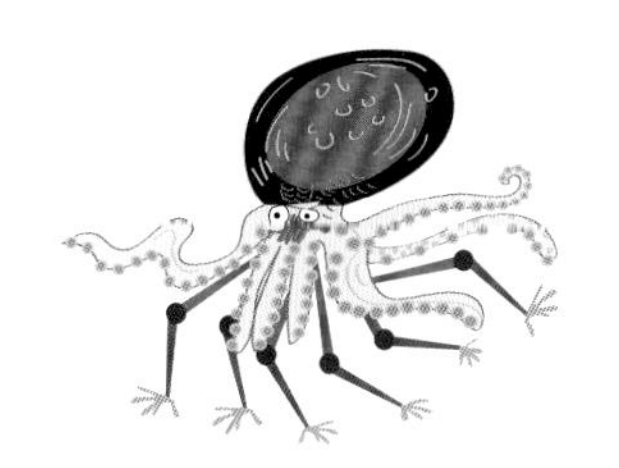

作者简介

叶戈尔·叶戈罗夫

生物学家，从事细胞生物学研究，自 1990 年以来任教于莫斯科物理技术学院。

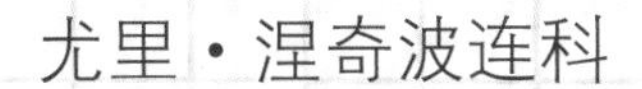

尤里·涅奇波连科

生物物理学家，从事DNA研究，任教于莫斯科大学，同时也是一位作家。

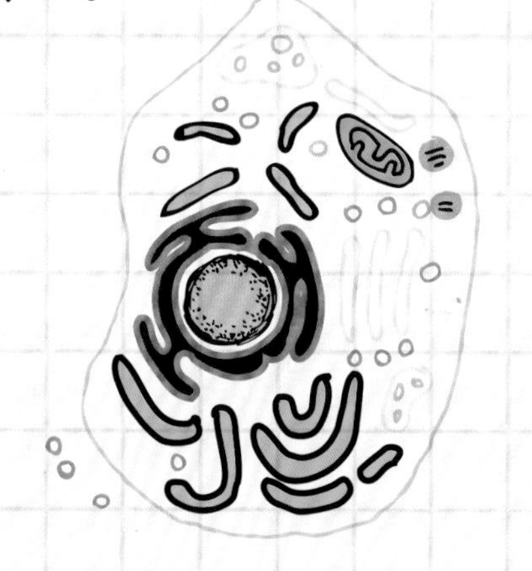

两位作者在俄罗斯科学院恩格尔哈特分子生物学研究所工作。他们很感谢为这本书付出努力的同事们。在本书准备出版的过程中，有新的科研论文陆续发表，文稿也做了相应修改，以涵盖最新发现。

本书插图作者：奥莉加·佐洛图希娜

ЖИВОЙ ДОМ
Егоров Е.Е., Нечипоренко Ю.Д.

В оформлении книги использованы: оригинальные фотографии Е. Егорова (Институт молекулярной биологии им. В.А. Энгельгардта РАН);
фотография © Alexey Khodjakov;
изображения commons.wikipedia.org (public domain; © Doc. RNDr. Josef Reischig, Csc.)

ISBN (рус.) 978-5-906848-83-3

图书在版编目（CIP）数据

有生命的房子 /（俄罗斯）叶戈尔·叶戈罗夫（Egor Egorov），（俄罗斯）尤里·涅奇波连科（Yuri Nechiporenko）著；皮野，杨振杰译. -- 北京：人民卫生出版社，2025.2
ISBN 978-7-117-35005-1

Ⅰ. ①有… Ⅱ. ①叶… ②尤… ③皮… ④杨… Ⅲ. ①细胞－儿童读物 Ⅳ. ①Q2-49

中国国家版本馆CIP数据核字(2023)第110850号

图字：01-2021-6791 号

有生命的房子
You Shengming de Fangzi

著：［俄］叶戈尔·叶戈罗夫
［俄］尤里·涅奇波连科
译：皮 野 杨振杰
出版发行：人民卫生出版社（中继线 010-59780011）
地 址：北京市朝阳区潘家园南里 19 号
邮 编：100021
E - mail：pmph @ pmph.com
购书热线：010-59787592 010-59787584 010-65264830
印 刷：北京盛通印刷股份有限公司
经 销：新华书店
开 本：889 × 1194 1/16 **印张：**6
字 数：95 千字
版 次：2025 年 2 月第 1 版
印 次：2025 年 3 月第 1 次印刷
标准书号：ISBN 978-7-117-35005-1
定 价：88.00元
打击盗版举报电话：010-59787491 E-mail：WQ @ pmph.com
质量问题联系电话：010-59787234 E-mail：zhiliang @ pmph.com
数字融合服务电话：4001118166 E-mail：zengzhi @ pmph.com

52检

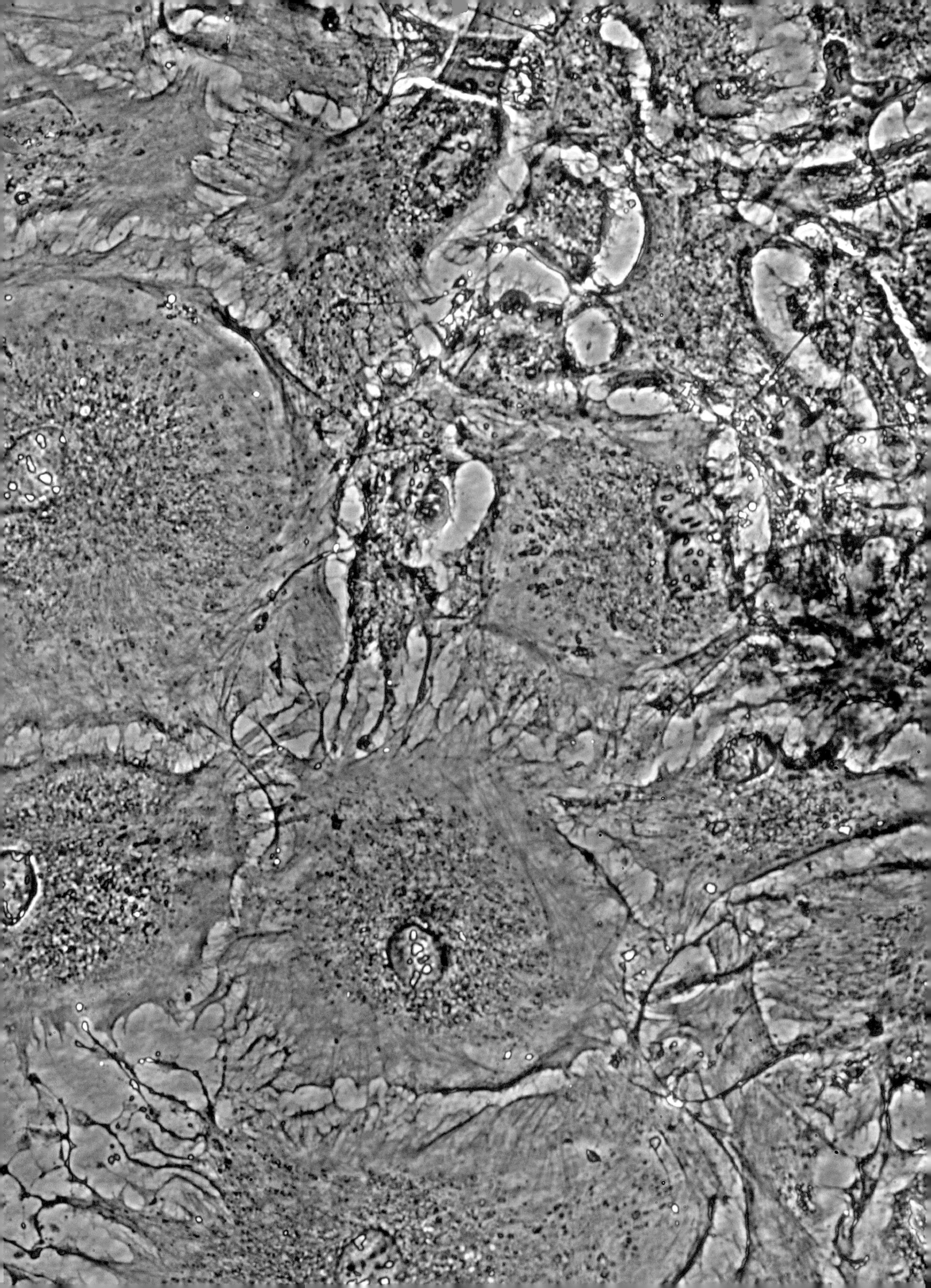

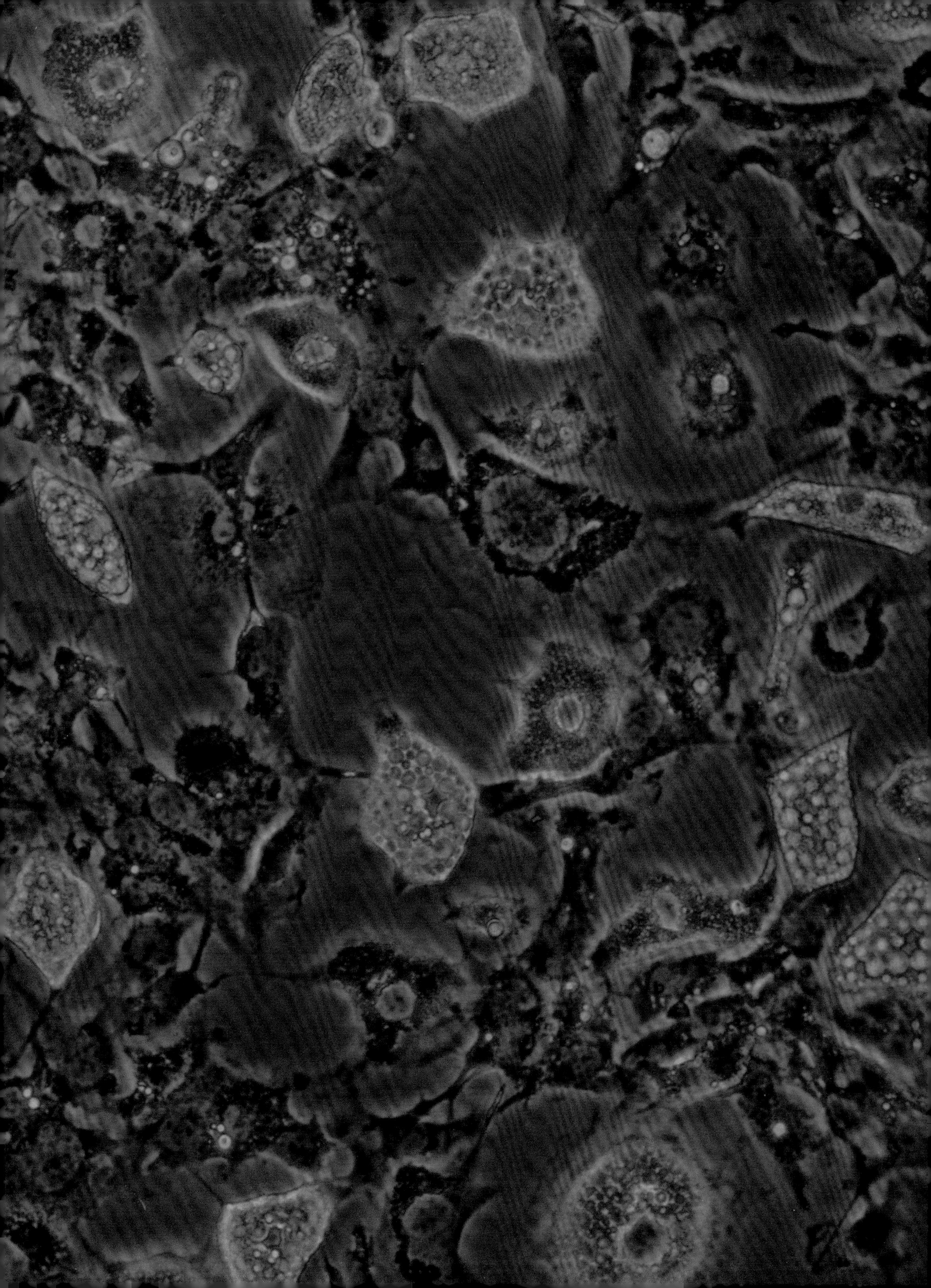